JN052061

今すぐ使える かんたんEX

HTML
CSS
&

HTML & CSS 逆引き事典

REVERSE LOOKUP DICTIONARY

大藤幹 著

技術評論社

●本書の使い方

セクションごとに機能を
解説しています。

セクション名は具体的な
作業を示しています。

セクションの解説内容の
まとめを示しています。

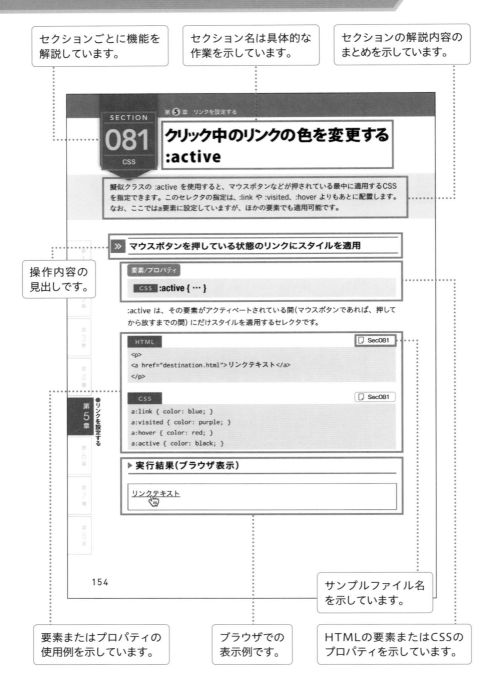

操作内容の
見出しです。

SECTION
081
CSS

第 5 章　リンクを設定する

クリック中のリンクの色を変更する
:active

擬似クラスの :active を使用すると、マウスボタンなどが押されている最中に適用するCSS
を指定できます。このセレクタの指定は、:link や :visited、:hover よりもあとに配置します。
なお、ここではa要素に設定していますが、ほかの要素でも適用可能です。

》 マウスボタンを押している状態のリンクにスタイルを適用

要素/プロパティ

CSS :active { … }

:active は、その要素がアクティベートされている間（マウスボタンであれば、押して
から放すまでの間）にだけスタイルを適用するセレクタです。

HTML　　　　　　　　　　　　　　　　　　　　Sec081
```
<p>
<a href="destination.html">リンクテキスト</a>
</p>
```

CSS　　　　　　　　　　　　　　　　　　　　 Sec081
```
a:link { color: blue; }
a:visited { color: purple; }
a:hover { color: red; }
a:active { color: black; }
```

▶ 実行結果(ブラウザ表示)

リンクテキスト

154

サンプルファイル名
を示しています。

要素またはプロパティの
使用例を示しています。

ブラウザでの
表示例です。

HTMLの要素またはCSSの
プロパティを示しています。

● サンプルファイルのダウンロード

本書の解説内で使用しているサンプルファイルは、以下のURLのサポートページからダウンロードできます。ダウンロードしたときは圧縮ファイルの状態なので、展開してからご利用ください。以下は、Windows 10の画面で解説しています。それ以外の環境では一部操作が異なります。

https://gihyo.jp/book/2020/978-4-297-11251-6/support

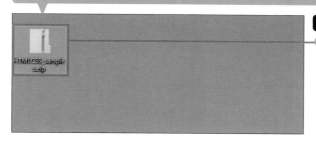

手順解説

① ファイルをサポートページからダウンロードします。ここでは、デスクトップにダウンロードしたファイルを保存しています。

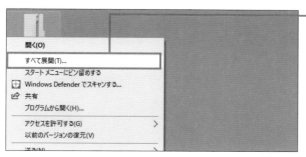

② ダウンロードしたファイルを右クリックし、[すべて展開]をクリックします。

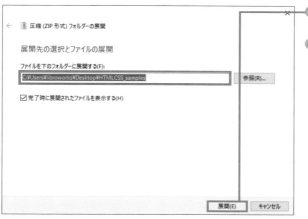

③ 保存先が正しいかを確認して、[展開]をクリックします。

④ デスクトップにフォルダが作成され、サンプルファイルを利用できるようになります。

●目次

第 1 章 HTMLとCSSのしくみ

第 2 章 Webページをつくる

第 3 章 文章を書く

● 目次

第 **4** 章　**文字を強調する、装飾する**

第 **5** 章 **リンクを設定する**

第 **8** 章 画像、音声、動画を埋め込む

● 目次

CONTENTS

● 目次

第 **11** 章 ボックスを使って
見た目を変える

第12章 レイアウトやデザインを変える

第13章 段組や複数カラムのレイアウトをつくる

第 **14** 章 パソコン以外でも見やすい表示にする

第 **15** 章 # ソーシャルメディアや外部サイトと連携する

HTMLとCSSのしくみ

HTMLってなに?

HTMLは、HyperText Markup Language の略称です。日本語でわかりやすく言うと「ハイパーテキスト（リンク機能のある文書）をつくるための、テキストに印を付けるタイプの言語」という意味になります。

第1章 ●HTMLとCSSのしくみ

第2章

第3章

第4章

第5章

第6章

第7章

第8章

» HTMLはWebページの構成要素を示す言語

HTMLは、Webページのコンテンツが含まれている、テキスト形式のファイルです。ワープロソフトなどの一般的な文書作成ソフトでは、フォントのサイズや配置位置といった表示方法を指定して、どれが見出しでどれが本文かがわかるようにします。しかし、HTMLでは表示の仕方は一切指定しません。「見出し」「段落」などの文書を構成している要素に印を付け、それぞれがなにかをわかるようにします。

実際のHTMLの印は英語を元にしていますので少し違いますが、おおまかなイメージとしては次のようになります。

> ＜見出し＞名古屋の絶品グルメ＜ここまで見出し＞
>
> ＜段落＞いわゆる「なごやめし」と呼ばれる名物料理の中には、美味しいものもあればちょっと首をかしげたくなるようなものもあります。そして当然ですが、同じ料理でも店によって味はぜんぜん違っています。＜ここまで段落＞

このような印（上の例では赤で示した部分）のことをHTMLでは「タグ」と言います。HTMLでは、文書を構成する要素をそれぞれタグで囲み、その部分がなにかを示します。タグで囲った部分をどのように表示するかは、後述のCSSと呼ばれる言語で指定します。

HTMLのタグのもっとも基本的な役割は、文書内の各構成要素の範囲と、その範囲がなにかを明確に示すことです。ただし、タグの中には画像や動画を文書内に組み込むものや、ほかのページにつながるリンクを作成するものなど、特別な機能を持つタグもあります。

HTMLで表示方法を指定しない理由

HTMLをテキスト形式にすることと、表示方法を指定しないことの利点は2つあります。1つは互換性です。たとえばWordの「.doc」で終わる拡張子のファイルなど、アプリケーション独自の形式を持つファイルの場合、現在は開くことが可能でも、10年後にその文書を開くことができる保証はありません。しかし、テキスト形式ならばたいていの文書作成ソフトで対応しているため、ほぼ確実に開くことができます。もう1つは、タグでその部分がなにかだけを示すなら、様々な環境で文書が利用可能になるということです。コンピュータ側でどれが見出しでどれが本文か、といった文書の構成要素が正しく認識できていれば、出力する機器に合わせて自動的にレイアウトもできます。環境や状況に応じた新しい使い方ができるようになるわけです。コンピュータが文書の構造をはっきりと認識できるようにしたHTMLは、これから登場するであろう未来の機器でも閲覧可能なファイル形式であると言えます。

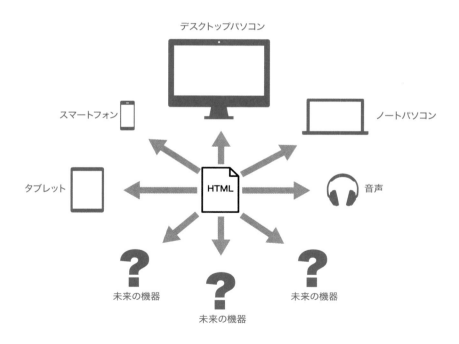

●HTMLとCSSのしくみ　第1章

第2章

第3章

第4章

第5章

第6章

第7章

第8章

HTMLの基本

HTML文書の内容は、大きく「文書情報」と「コンテンツ」の2つに分かれています。ここではそのようなHTML文書の全体構造と、実際のタグの例、HTMLのタグに関する専門用語について説明します。

●HTMLとCSSのしくみ

第1章

第2章

第3章

第4章

第5章

第6章

第7章

第8章

≫ HTML文書の全体構造

HTML文書の構造自体はシンプルで、大きく2つに分かれています。1つめのブロックにはHTML文書自身に関する情報を入れ、2つめのブロックにタグで囲ったコンテンツを入れます。文書情報のブロックは、タイトルだけウインドウのタイトルバーやタブなどに表示されますが、そのほかは基本的には画面に表示されません。ブラウザで見たときに表示されるのは、コンテンツのブロックの内容だけです。

≫ HTMLの実際のタグの例

次の例は、SECTION 001のイメージ的な例を実際のタグに置き換えたものです。

> **HTML**　　　　　　　　　　　　　　　　　　　　　🗋 Sec002

```
<h1>名古屋の絶品グルメ </h1>
<p>いわゆる「なごやめし」と呼ばれる名物料理の中には、美味しいものもあればちょっと首をかしげたくなるようなものもあります。そして当然ですが、同じ料理でも店によって味はぜんぜん違っています。</p>
```

▶ 実行結果（ブラウザ表示）

名古屋の絶品グルメ

いわゆる「なごやめし」と呼ばれる名物料理の中には、美味しいものもあればちょっと首をかしげたくなるようなものもあります。そして当然ですが、同じ料理でも店によって味はぜんぜん違っています。

SECTION 001 の例では「<見出し>」となっていた部分が「<h1>」、「<段落>」となっていた部分が「<p>」に変わっていますが、意味がわかればなにも難しいことはありません。「見出し」は英語で「heading」なので略して「h」、数字は見出しの階層（大見出し、中見出し、小見出しなど）をあらわしています。「段落」は英語では「paragraph」なのでそれを省略して「p」になっています。

» HTMLのタグ関連の専門用語

HTMLのタグの各部分には名前が付けられています。それらはこれ以降の説明にも頻繁に出てきますので、しっかりと覚えておきましょう。
HTMLでは、タグで囲った範囲全体のことを「要素」と言います。「HTML 文書の構成要素」という意味です。「ここから」をあらわすタグは「開始タグ」、「ここまで」をあらわすタグは「終了タグ」と言います。タグとタグのあいだの部分は「内容」と言います。

HTMLの開始タグには、「属性」と呼ばれる、要素に関する情報を書き込めます。属性は半角スペースで区切っていくつでも書き込むことができます。

id属性とclass属性の役割

同じ種類の要素がたくさんある中で、その中の特定の1つを指し示したり、分類する必要が生じることがあります。id属性を使用すると要素に固有の名前を付けることができ、class属性を使用すると分類上の名前を付けることができます。

●HTMLとCSSのしくみ

第 1 章

第 2 章

第 3 章

第 4 章

第 5 章

第 6 章

第 7 章

第 8 章

≫ 固有の名前を指定するid属性

要素/プロパティ

HTML **id="固有の名前"**

id属性は、任意の要素に対して固有の名前を付けることのできる属性です。たとえば、ページ内の特定の場所（要素）にリンクしたい場合や、複数ある同じ要素の中で1つだけ異なる表示を指定したい場合などに使用します（CSSを使うと、特定のid属性の値が指定されている要素を対象に、表示指定ができます）。

特定の1つの要素を指し示すための名前なので、同じ1つのページ内で同じ名前（id属性の値）を使用することはできません。

HTML

```
<h1 id="pagetop">名古屋の絶品グルメ</h1>
```

id属性の値として指定する名前には、必ず1文字以上を指定する必要があります。つまり、「id=""」のように値を空にしておくのは正しい使い方ではありません。また、値の中に半角スペースを入れることはできません。

次に説明するclass属性は、複数の名前を半角スペースで区切って指定できますが、id属性ではそれはできない点に注意してください。

» 分類上の名前を指定するclass属性

要素/プロパティ

HTML **class="分類上の名前"**

class属性は、任意の要素に対して分類上の名前を付ける属性です。分類上の名前なので、その種類に分類される複数の要素に同じ名前を指定することができます。たとえば、10個あるp要素のうち3個だけ異なる表示にしたい場合などに使用します（CSSを使うと、特定のclass属性の値が指定されている要素を対象として、表示指定ができます）。

```HTML
<p class="lead">リード文</p>
```

id属性の説明で触れましたが、class属性の値には複数の名前を半角スペースで区切って入れることができます。その際の個数に特に制限はありませんし、指定する順序も自由です。それらが表示等に影響を与えることはありません。

```HTML
<p class="lead long chapter">リード文</p>
```

» id属性とclass属性の使い分け

id属性は固有の名前を付けるための属性で、class属性は分類上の名前を付けるための属性です。しかし、実際にはそのどちらを使えばよいのか明確には判断できない場合もあります。そんなときは、複数箇所に同じ名前を指定する可能性があるのかどうか考えてみてください。複数箇所に指定する可能性が少しでもあるのであれば、class属性を使った方がよいでしょう。その一箇所以外に同じ名前を使うことはあり得ないならば、id属性が適しています。

●HTMLとCSSのしくみ 第1章

第2章

第3章

第4章

第5章

第6章

第7章

第8章

SECTION
004
Article

HTMLのカテゴリーと
コンテンツモデル

HTMLには100種類以上の要素があり、それぞれで内容として入れられる要素が決められています。それらの各要素を示す際に1つずつ列挙していては数が多すぎてわかりにくいので、単純化して示すために要素のカテゴリーが定義されています。

第1章 ●HTMLとCSSのしくみ

第2章

第3章

第4章

第5章

第6章

第7章

第8章

≫ HTMLの要素のカテゴリー

HTMLには次の7つのカテゴリーが定義されており、それぞれの要素がどのカテゴリーに属するのかも決まっています。ただし、要素によってはどのカテゴリーにも属さないものもあれば、複数のカテゴリーに属するものもあります。

- ・メタデータコンテンツ(Metadata content)
- ・フローコンテンツ(Flow content)
- ・セクショニングコンテンツ(Sectioning content)
- ・ヘディングコンテンツ(Heading content)
- ・フレージングコンテンツ(Phrasing content)
- ・エンベディッドコンテンツ(Embedded content)
- ・インタラクティブコンテンツ(Interactive content)

次の図は、カテゴリー同士の関係を示したものです。メタデータコンテンツ以外のカテゴリーは、すべてフローコンテンツにも該当します。

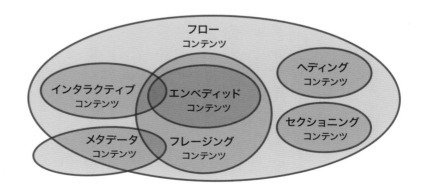

≫ セクショニングコンテンツ

章や節といった、まとまった範囲をあらわす要素がセクショニングコンテンツです。基本的には、見出しとそれがおよぶ範囲のコンテンツをグルーピングするために使用します。該当するのは次の要素です。

article, aside, nav, section

≫ ヘディングコンテンツ

見出しをあらわす要素がヘディングコンテンツです。該当するのは次の要素です。

h1, h2, h3, h4, h5, h6

≫ フローコンテンツ

「ある特定の要素の内部にしか配置できない」といった制限のある要素を除いた大半の要素がフローコンテンツです。

a, abbr, address, area, article, aside, audio, b, bdi, bdo, blockquote, br, button, canvas, cite, code, data, datalist, del, details, dfn, dialog, div, dl, em, embed, fieldset, figure, footer, form, h1 ～ h6, header, hr, i, iframe, img, input, ins, kbd, label, link, main, map, mark, meter, nav, noscript, object, ol, output, p, picture, pre, progress, q, ruby, s, samp, script, section, select, small, span, strong, style, sub, sup, table, template, textarea, time, u, ul, var, video, wbr, **テキスト**

※area要素は、map要素の内部に配置されている場合のみ該当
※link要素は、body要素の内部に配置されている場合のみ該当

第1章 ●HTMLとCSSのしくみ

第2章

第3章

第4章

第5章

第6章

第7章

第8章

» フレージングコンテンツ

文章の一部として含まれる要素がフレージングコンテンツです。該当するのは次の要素です。

a, abbr, area, audio, b, bdi, bdo, br, button, canvas, cite, code, data, datalist, del, dfn, em, embed, i, iframe, img, input, ins, kbd, label, link, map, mark, meter, noscript, object, output, picture, progress, q, ruby, s, samp, script, select, small, span, strong, sub, sup, template, textarea, time, u, var, video, wbr, **テキスト**

※area要素は、map要素の内部に配置されている場合のみ該当
※link要素は、body要素の内部に配置されている場合のみ該当

» エンベディッドコンテンツ

画像や動画などの外部のデータファイルをHTML文書の中に組み込むために使用する要素がこのカテゴリーに該当します。

audio, canvas, embed, iframe, img, object, picture, video

» インタラクティブコンテンツ

その名のとおりインタラクティブ（双方向）な要素がこのカテゴリーに該当します。

a, audio, button, details, embed, iframe, img, input, label, select, xtarea, video

※a要素は、href属性が指定されている場合のみ該当
※audio要素とvideo要素は、controls属性が指定されている場合のみ該当
※img要素は、usemap属性が指定されている場合のみ該当
※imput要素は、type属性の値が「hidden」以外の場合のみ該当
※tabindex属性が指定されている要素は、すべてこのカテゴリーに該当

» メタデータコンテンツ

HTML文書のコンテンツではなく、HTML文書自身に関する情報をあらわす要素が
このカテゴリーに該当します。

base, link, meta, noscript, script, style, template, title

» HTMLの要素のコンテンツモデル

HTMLで使用できるすべての要素は、内容としてどの要素を入れることができるのか
決められています。その「入れられる要素の決まり」をコンテンツモデルと言います。
たとえば、HTMLの仕様書でh1要素とp要素のコンテンツモデルを調べると、どち
らも「フレージングコンテンツ」とだけ書かれています。これはh1要素とp要素は内
容としてフレージングコンテンツを入れることができる、という意味になります。

» ブロックレベル要素とインライン要素

現在のHTMLでは7つのカテゴリーがありますが、古いHTMLでは要素は大きく2
種類に大別されていただけでした。その2種類が「ブロックレベル」と「インライン」
です。ブロックレベルやインラインという分類は現在のHTMLでは使用されません
が、CSSでは同様の分類で処理を行うことがありますので、覚えておくと便利です。
ブロックレベルとは1つのまとまった単位の要素のことで、たとえばh1要素もp要素
もブロックレベルに該当します。前後が改行されて(直前直後の要素とは明確に切り
離されて)表示されるような要素がこれに当てはまります。
それに対してインラインとはブロックレベルの要素の中の文章の一部となるような要
素のことで、意味的には現在のフレージングコンテンツと同じです。文章の一部とな
る要素なので、前後が自動的に改行されることはありません。

CSSってなに?

CSSは、Cascading Style Sheets の略称です。日本語でわかりやすく言うと「積み重ねるようにして指定できるスタイルシート（表示指定）」という意味になります。ここでは、そのCSSの概要について説明します。

●HTMLとCSSのしくみ

第1章

第2章

第3章

第4章

第5章

第6章

第7章

第8章

≫ CSSはWebページの表示指定をする言語

CSSは、HTMLで示したWebページの各種要素に対し、どのように表示するのかを指定する言語です。WebページのレイアウトをするにはCSSを使用します。
CSSもHTMLも英語をベースにつくられた言語ですが、それを日本語にしてあらわすと次のようになります。

日本語による CSS と HTML のイメージ

CSS

```
見出し {
    フォントサイズ : 24 ピクセル ;
    文字色 : 濃いめのスカイブルー ;
    行揃え : 中央揃え ;
}

段落 {
    フォントサイズ : 16 ピクセル ;
    文字色 : グレー ;
    行間 : 32 ピクセル ;
}
```

HTML

```
< 見出し >○○○< ここまで見出し >

< 段落 >○○○○○< ここまで段落 >
```

HTMLではどこからどこまでが（文書の構成要素として）何であるかを示し、そのHTMLで示された各範囲（要素）の表示指定を行うのがCSSの役割です。この場合のHTMLのような言語はマークアップ言語と言い、CSSのような言語はスタイルシート言語と呼ばれています。

CSSの種類

HTMLには「HTML 4.01」や「HTML 5.2」などのバージョンがあります。CSSにも同様に「CSS 2.1」や「CSS3」といった分類があるのですが、CSSに限ってはその数字はバージョンとは呼びません。たとえば「CSS3」は「CSSレベル3」、「CSS 2.1」は「CSSレベル2リビジョン1」というように呼ぶことになっています。これはCSSがバージョンアップによって大きく仕様変更されることはなく、最初の仕様をベースにして徐々に拡張していくように策定することが当初から決められていたことによるものです。

CSSの仕様には、そのほかにも特徴的なところがあります。CSSレベル2までは1つの仕様書で定義されていたのですが、CSSレベル3以降では仕様書がモジュール化されて機能別にバラバラに策定されることになりました。1つだとボリュームが大きくなりすぎて、完成までに時間がかかってしまうからです。しかしその結果、全体像が把握できないほど仕様の数は増え、それらは完成度もまちまちであるため、結局どの仕様に準拠すればいいのかわかりにくい状況となってしまいました。そのため、現時点で有効なCSSの仕様を示す文書が別途必要となり、「CSS Snapshot」という名称で公開されています。

W3C Working Group Note

CSS Snapshot 2018
W3C Working Group Note, 22 January 2019

This version:
https://www.w3.org/TR/2019/NOTE-css-2018-20190122/
Latest published version:
https://www.w3.org/TR/css-2018/
Editor's Draft:
https://drafts.csswg.org/css-2018/
Previous Versions:
https://www.w3.org/TR/2018/NOTE-css-2018-20181115/

CSSを書き込める場所

CSSは、HTMLとは別の専用のテキストファイルに書き込めるだけでなく、HTML文書の中に直接書き込むこともできます。具体的な書き方やHTMLへの適用方法については第2章以降で説明しますが、HTMLの要素の内容として書くことができるほかに、属性の値として書き込むことも可能です。HTMLとCSSは別々の言語ではありますが、同じ1つのテキストファイル内に書くことのできる、親和性の高い言語となっています。

CSSの基本

CSSの書式はシンプルです。使用されている英単語の意味がわかれば、比較的理解しやすいものです。ここでは実際のCSSがどのようなものであるのかを確認し、書式を構成する各部分の名称についても説明します。

● HTMLとCSSのしくみ

第1章

第2章

第3章

第4章

第5章

第6章

第7章

第8章

≫ 実際のCSSの記述例

実際のCSSがどのようなものであるのかを見てみましょう。次の例は、SECTION 005 で示したイメージ的な例を、本物のHTMLとCSSに置き換えたものです。

HTML　　　　　　　　　　　　　　　　　　　　　　　　　　　　　　　　📄 Sec006

```
<h1>名古屋の絶品グルメ </h1>
<p>いわゆる「なごやめし」と呼ばれる名物料理の中には、美味しいものもあればちょっと首をかしげたくなるようなものもあります。そして当然ですが、同じ料理でも店によって味はぜんぜん違っています。</p>
```

CSS　　　　　　　　　　　　　　　　　　　　　　　　　　　　　　　　📄 Sec006

```
h1 {
    font-size: 24px;
    color: deepskyblue;
    text-align: center;
}
p {
    font-size: 16px;
    color: gray;
    line-height: 32px;
}
```

▶ 実行結果（ブラウザ表示）

> # 名古屋の絶品グルメ
>
> いわゆる「なごやめし」と呼ばれる名物料理の中には、美味しいものもあればちょっと首をかしげたくなるようなものもあります。そして当然ですが、同じ料理でも店によって味はぜんぜん違っています。

CSSでは、まず最初にCSSの表示指定を適用する対象を指定します。そしてそのあとに { } で括って、その中に表示指定を必要なだけ書き込みます。{ } 内に書き込む表示指定は、○○○ : △△△ ; の書式でなに（○○○）をどのようにする（△△△）というパターンで列挙します。

≫ CSSの書式の専門用語

CSSの書式の各部分には名前が付けられています。それらはこれ以降の説明にも出てきますので、ここでしっかりと覚えておきましょう。

セレクタ（CSSの適用先を示す部分）

```
h1 { font-size : 24px ; }
```

プロパティ名　　プロパティ値

書式の先頭で、表示指定の適用先を示す部分は「セレクタ」と言います。ここでは単純に要素の名前を指定していますが、もっと長く複雑な書き方もできます。たとえば、「3番目のp要素の上にカーソルが乗っているとき」といった指定も可能です。
{ } 内に書き込む表示指定の前半部分（: 記号より前の部分）は「プロパティ名」と言い、後半部分（: 記号よりあとの部分）は「プロパティ値」と言います。ただし、一般的には短くして前半部分を「プロパティ」、後半部分を「値」と呼びます。

ボックスってなに?

HTMLの各要素には、それを表示するための四角い領域がWebページ上で割り当てられています。その領域をボックスと言います。ボックスには境界線を表示させることができ、その内側と外側にそれぞれ余白をとることができます。

第1章
●HTMLとCSSのしくみ

第2章

第3章

第4章

第5章

第6章

第7章

第8章

≫ ボックスの構造

HTMLで記述されたWebページのコンテンツは、要素ごとに用意された四角い領域に表示されます。CSSを使用すると、その領域の幅や高さの設定のほか、領域の境界線を表示できます。また、境界線の外側と内側のそれぞれには、余白をとることも可能です。このような境界線や余白は、コンテンツを表示するすべての要素で指定できます。これらを表示する領域のことをボックスと呼びます。

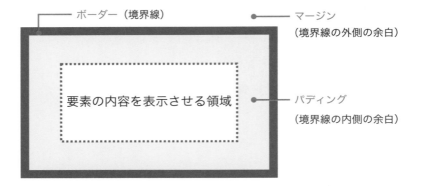

ボーダー(境界線)

マージン
(境界線の外側の余白)

要素の内容を表示させる領域

パディング
(境界線の内側の余白)

ボックスの各領域は、CSSで指定しやすいように名前が付けられています。境界線はボーダー(border)と言い、外側の余白はマージン(margin)、内側の余白はパディング(padding)と言います。

ボーダー、マージン、パディングは上下左右それぞれをCSSで設定可能です。しかし、CSSを指定していない状態でもHTML文書が読めるように、初期状態でも余白が設定されている要素があります。初期状態でどのように表示されるのかは、ブラウザの種類によって異なります。

Webページをつくる

HTMLの基本的な書き方
<html> <head> <body>

コンテンツのテキストをタグで囲っただけでは、正式なHTML文書にはなりません。文法的に 正しいHTML文書にするためには、DOCTYPE宣言と呼ばれる文字列やHTMLの全体構造を示すタグなどが必要となります。

第1章

●Webページをつくる

第2章

第3章

第4章

第5章

第6章

第7章

第8章

>> HTML文書の全体構造を示すタグ

要素/プロパティ

`HTML` **<html>文書全体</html>**

`HTML` **<head>文書情報</head>**

`HTML` **<body>コンテンツ</body>**

HTMLのタグは、基本的には各種コンテンツを囲ってその部分が何であるかを示すものですが、それ以外の役割を持ったタグもあります。中でも特に重要なのが、HTML文書の全体の構造を示す、html要素、head要素、body要素のタグです。まず、HTML文書はその全体を<html>〜</html>で囲う必要があり、その内部にhead要素とbody要素を順に1つずつ配置します。ほかの要素はすべてhead要素またはbody要素の内部に書き込みます。文書情報をあらわす要素はhead要素の中に配置し、Webページのコンテンツとして表示させたい要素はbody要素の中に配置します。

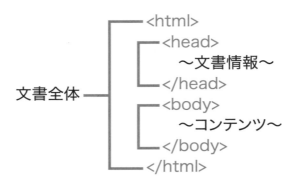

第1章

≫ HTML文書に必須の宣言とタグ

要素/プロパティ

HTML **<!DOCTYPE html>**

HTML **<title>文書タイトル</title>**

HTML文書には、html要素やhead要素、body要素以外にも必要なものがあります。まず、HTML文書の先頭(html要素の開始タグの前)には、<!DOCTYPE html> というタグのような文字列を配置します。これはDOCTYPE宣言(文書型宣言)と呼ばれるもので、元々はHTMLのバージョンや種類を示すためのものでした。上の書式では特にバージョンや種類を示していませんが、歴史的経緯によって、現在でも形式的に配置する決まりになっています。

もう1つ必要になるのが、HTML文書のタイトルを示すtitle要素です。この要素はhead要素の内部に配置する要素で、特殊な状況においては省略可能ですが、通常のWebページにおいては必須となります。

ここまでに解説してきた、HTMLに最低限必要な要素とDOCTYPE宣言を組み合わせると次のようになります。あとはhead要素内に必要な情報を追加し、body要素内にコンテンツを入れてタグを付けると、HTMLはほぼ完成した状態になります。

HTML   Sec008_1

```
<!DOCTYPE html>
<html>
  <head>
    <title>タイトル</title>
  </head>
  <body>
  </body>
</html>
```

≫ すべての要素に指定できる属性(グローバル属性)

HTMLの属性は、要素ごとに使えるものが決まっています。しかし、次の13種類の属性はグローバル属性と呼ばれており、HTMLのどの要素にも指定できます。

属性名	用途
id	要素に固有の名前を指定する
class	要素に分類上の名前を指定する
lang	要素の内容のテキストや属性値がどの言語かを示す
title	ユーザーに対して助言的な情報を提供する（一般にツールチップで表示される）
style	要素に適用する CSS を属性値として書き込む
contenteditable	要素内容を編集可能にするかどうかを指定する
draggable	要素内容をドラッグ可能にするかどうかを指定する
spellcheck	編集可能なテキストのスペルや文法をチェックするかどうかを指定する
translate	ローカライズする際に翻訳すべきかの元の言葉を使うべきかを指定する
tabindex	要素をフォーカス可能にし、タブキーで移動する際の順序を指定する
accesskey	要素へのキーボード・ショートカットとして使用する文字を指定する
dir	要素内容のテキストの文字表記の方向を指定する
hidden	要素が表示されないようにする

HTML 文書の言語を示すために、html 要素に lang 属性を指定することが推奨されています。日本語の文書だと示すには、次のように lang="ja" を指定します。

HTML　　　　　　　　　　　　　　　　　　　　　　　Sec008_2

```html
<!DOCTYPE html>
<html lang="ja">
  <head>
    <title>タイトル</title>
  </head>
  <body>
  </body>
</html>
```

≫　半角スペース、タブ、改行の扱いについて（空白文字）

構造をわかりやすくするために、HTMLのタグは字下げ（インデント）して書くことができます。字下げは半角スペースで行ってもタブで行ってもかまいません。また、タグの前後には改行を入れることもできます。ただし、コンテンツとして半角スペースやタブ、改行を連続して入れても、一般的なブラウザではそれらはまとめて1つの半角スペースに変換されて表示されます。HTMLでは半角スペース、タブ、改行はまとめて「空白文字」と呼ばれています。

≫ ＜ や ＞ を文字として使いたい場合の書き方（文字参照）

HTML文書内にコンテンツの一部として ＜ や ＞ を書き込んでも、それらはタグの一部と認識されるため、表示されません。これらのような、HTMLの中で特別な意味を持っている文字をコンテンツとして表示させる場合は、＆○○; という書式を使用します。この書式は文字参照と呼ばれており、代表的なものとしては次の4つが挙げられます。

表示される文字	HTML内での記述方法
<	&lt;
>	&gt;
"	&quot;
&	&amp;

≫ ファイルの場所の示し方（絶対パスと相対パス）

HTMLで画像を表示させたり動画を再生させる場合には、そのファイルの名前と格納場所を指定します。HTMLに適用するCSSファイルも同様に、名前と格納場所を指定する必要があります。

HTMLにおいてファイルの場所を示す方法は2種類あります。1つは https://gihyo.jp/book123.png のように、インターネット上のアドレスで示す方法です。この書式を絶対パスと言います。これに対して、同じディスク内にあるファイルを相対的な位置関係で示す、相対パスという書式もあります。相対パスを記述しているHTML文書の位置を基準にして、そこから下の階層のフォルダにあるファイルを示す場合は、フォルダ名とファイル名を / で区切って指定します。たとえば、imagesフォルダの中の、さらに header フォルダの中にある sample.jpg であれば次のようになります。

images/header/sample.jpg

上の階層をあらわす場合は、1つ上の階層ごとに ../ を付けて示します。たとえば、2つ上の階層のフォルダの index.html は、次のようにあらわします。

../../index.html

第1章

第2章

第3章

第4章

第5章

第6章

第7章

第8章

●Webページをつくる

HTMLファイルの文字コードや
ページ概要を設定する \<meta>

\<meta>は、文書情報を設定するためのタグです。基本的には2つの属性をセットにして使用
し、一方の属性で設定する情報の種類を、もう一方の属性で設定する値を指定します。唯一
の例外として、文字コードを示す場合には1つの属性で指定可能です。

≫　幅広い文書情報を設定できる要素

要素/プロパティ

> HTML　**\<meta name="文書情報の種類" content="文書情報の値">**
>
> HTML　**\<meta http-equiv="文書情報の種類" content="文書情報の値">**

head要素の内部で特定の文書情報を設定する要素にはtitle要素、base要素、
link要素、style要素、script要素がありますが、それらではあらわせない情報を
設定できるのがmeta要素です。この要素は属性で文書情報を設定するしくみにな
っており、開始タグだけで指定します。終了タグや要素内容はありません。
meta要素で文書情報の種類をあらわすには、name属性またはhttp-equiv属性の
いずれかと、content属性の2つをセットで使います。主にname属性では文書情
報の名前、http-equiv属性では文書の状態を示します。meta要素を含むhead要
素内で示される文書情報は、「メタデータ」とも呼ばれています。

≫　HTML文書の文字コードを示す

要素/プロパティ

> HTML　**\<meta charset="文字コード">**

meta要素は基本的に属性を2つセットで使用しますが、現時点で唯一の例外となっ
ているのが、文字コードの指定方法です。古いバージョンのHTMLでは、文字コー
ドも2つの属性で指定していたのですが、HTML5からHTML文書の文字コードを
示すために専用の属性が追加されました。それがcharset属性です。この属性1つ

を使用することで、文字コードをかんたんに指定できるようになっています。
HTMLの文字コードはUTF-8を使用することが推奨されているため、通常は次のように指定します。ほかの文字コードを使用する必要がある場合は、シフトJISなら「Shift_JIS」、日本語EUCなら「EUC-JP」を値として指定してください。charset属性の値となる文字コードの部分は、大文字で書いても小文字で書いてもかまいません。

```html
HTML
<head>
  <meta charset="UTF-8">
</head>
```

なお、HTML5より前のバージョンのHTMLでは、文字コードを示すときはhttp-equiv属性とcontent属性を使い、次のように書いていました。

要素/プロパティ

> HTML **<meta http-equiv="Content-Type" content ="text/html; charset=文字コード">**

最新のHTMLであるHTML5でも、この従来の指定方法は使用できます。ただし、文字コードを示すmeta要素を、同一のページ内に複数配置することはできません。

```html
HTML
<head>
  <meta http-equiv="Content-Type" content="text/html; charset=UTF-8">
</head>
```

≫ ページの概要を設定

要素/プロパティ

> HTML **<meta name="description" content ="ページの概要">**

name属性の値に「description」を指定して、ページの概要を示すことができます。この方法で指定したテキストは、検索結果の一覧で表示される場合もあります。表示されるかどうかは検索エンジンの種類や状況によって異なります。

なお、name属性の値に「description」を指定したmeta要素を、同一のページ内に複数配置することはできません。

```HTML
<head>
  <meta name="description" content="HTMLとCSSの解説サイトです。">
</head>
```

》 ページの制作者を設定

要素/プロパティ

HTML **<meta name="author" content ="ページ制作者の名前">**

name属性の値に「author」を指定して、ページ制作者の名前を示すことができます。

```HTML
<head>
  <meta name="author" content="大藤 幹">
</head>
```

》 ページ制作ツールを設定

要素/プロパティ

HTML **<meta name="generator" content ="このページを生成したソフトウェア名">**

name属性の値に「generator」を指定して、ページを生成したソフトウェア名を示すことができます。

```HTML
<head>
  <meta name="generator" content="WordPress 5.0">
</head>
```

第1章
第2章
第3章
第4章
第5章
第6章
第7章
第8章

●Webページをつくる

SECTION 010
HTML

ページのタイトルを設定する
<title>

Webページのタイトルを設定するには、<title>を使用します。タイトルはそのページを閲覧しているときだけでなく、検索結果の一覧やブックマークなどでも表示されます。特殊な状況においては省略可能ですが、一般的なWebページでは必須のタグです。

≫ ページの内容が具体的に想像できるタイトル

要素/プロパティ

> **HTML** **<title>ページのタイトル</title>**

head要素の中で<title>タグで囲った範囲のテキストが、ページのタイトルになります。一般に、ページのタイトルはそのページの大見出しと同じような内容になりますが、大見出しは必ずページ内で表示されるのに対し、ページのタイトルは検索結果の一覧やブックマーク、履歴などで単独で表示されることがあります。そのため、大見出しであれば「会社案内」だけでもかまいませんが、ページのタイトルは「会社案内｜技術評論社」のように書かなければどこの会社案内なのかがわからなくなってしまいますので注意してください。

HTML 　　　　　　　　　　　　　　　　　　　　　　　□ Sec010

```
<head>
    <title>会社案内｜技術評論社</title>
</head>
```

▶ 実行結果（ブラウザ表示）

グローバルメニューをつくる
\<nav\>

\<nav\>は、その部分が主要なメニュー（ナビゲーション）であることを示します。ページ内容を音声で読み上げる場合などに、メニューを読み飛ばしたり、逆にメニューに戻ったりできるようにすることを意図して用意されている要素です。

》 主要コンテンツを案内するグローバルメニュー

グローバルメニュー（グローバルナビゲーション）とは、サイト内にある主要コンテンツへのリンクをまとめたメニューのことです。一般に、すべてのページで共通して同じ場所に設置します。サイト全体ではなく特定の範囲や階層内において使用されるメニューのことは、ローカルメニュー（ローカルナビゲーション）と言います。

要素/プロパティ

HTML **\<nav\>グローバルメニュー\</nav\>**

nav要素は、ページ内の主要なナビゲーションのリンクを含むセクションを示すための要素です。一般的にはグローバルメニューをつくるために使用します。

グローバルメニューは多くの場合、同じ内容のものがページごとにメインコンテンツよりも前に配置されています。そのため、ページの内容を音声で読み上げさせると、毎回メインコンテンツの前に、それらの内容が読み上げられることになります。nav要素を使ってグローバルメニューであることをわかるようにしておくと、それらを読み飛ばしたり、逆に途中でグローバルメニューに戻ったりすることがかんたんにできるようになります。

nav要素はそのような用途を意図して用意されているため、ページ内のあちらこちらにnav要素があると、メニューに戻りたくても意図したものとは違うメニューに戻ってしまうなどの混乱が生じる可能性があります。そのため、nav要素は主要なメニューにだけ使用することが推奨されています。

主要なナビゲーション全体の範囲はnav要素であらわしますが、ナビゲーション本体のマークアップには、リストをあらわすul要素とli要素が一般的に使用されます。また、ナビゲーションはリンクなので、a要素も使用します。

HTML ☐ Sec011

```html
<nav>
  <ul>
    <li><a href="">ホーム</a></li>
    <li><a href="">会社案内</a></li>
    <li><a href="">製品情報</a></li>
    <li><a href="">お問い合わせ</a></li>
  </ul>
</nav>
```

CSS ☐ Sec011

```css
nav ul {
  margin: 50px 0 0;
  padding: 0;
  text-align: center;
}
nav li {
  display: inline;
  margin: 0 0.5rem;
}
a {
  text-decoration: none;
}
```

▶ 実行結果(ブラウザ表示)

ホーム　　会社案内　　製品情報　　お問い合わせ

SECTION 012 HTML

記事をつくる
\<section\> \<article\>

\<section\>と\<article\>は、いずれもセクションの範囲を示すタグです。全体の中の一部分であるセクションには\<section\>を使い、それだけで完結しているセクションには\<article\>を使います。

第1章
第2章　●Webページをつくる
第3章
第4章
第5章
第6章
第7章
第8章

» 全体の一部であるセクションと単体で完結しているセクション

要素/プロパティ

HTML **\<section\>章や節など\</section\>**

HTML **\<article\>1つの記事全体\</article\>**

HTMLのセクションとは、基本的には見出しとそれがおよぶ範囲のコンテンツをグルーピングするための要素です。書籍や論文などでいえば1つの「章」や「節」がセクションであり、新聞や雑誌、ブログなどの場合は1つの「記事」がセクションとなります。そのほか、見出しがないセクションをつくることも可能です。

コンテンツの本文部分のセクションをあらわす要素には、\<section\>と\<article\>の2種類があります。\<section\>は、「章」や「節」のように、それが全体の一部であるセクションをあらわす場合に使用します。それに対して\<article\>は、「記事」のようにそれだけで完結しているセクションをあらわす場合に使用します。なお、これらのタグで囲むだけでは、表示上の変化は特にありません。

次の例では\<section\>を使用しています。先頭に中見出し(h2要素)を配置し、それ以降に本文の段落(p要素)を2つ入れています。

HTML

```
<section>
    <h2>2-1 セクションとは？</h2>
    <p> 〜 </p>
    <p> 〜 </p>
</section>
```

次の例では<article>を使用しています。先頭に大見出し（h1要素）を配置し、それ以降に本文の段落（p要素）を2つ入れています。

```
HTML
<article>
  <h1>自力でHTMLを書いてみた</h1>
  <p> ～ </p>
  <p> ～ </p>
</article>
```

1つの記事の内容がいくつかのセクションに分かれている場合は、次のように<article>と<section>を使うこともできます。h3要素は小見出しをあらわしています。

```
HTML
<article>
  <h2>自力でHTMLを書いてみた</h2>
  <p>全くの初心者がタグを弄った結果…</p>
  <section>
    <h3>まずは本を購入した</h3>
    <p> ～ </p>
    <p> ～ </p>
  </section>
  <section>
    <h3>僕はこういう作業に向いているのかもしれない</h3>
    <p> ～ </p>
    <p> ～ </p>
  </section>
  <section>
    <h3>CSSで深みにはまる</h3>
    <p> ～ </p>
    <p> ～ </p>
  </section>
</article>
```

第1章

● 第2章

● Webページをつくる

第3章

第4章

第5章

第6章

第7章

第8章

記事に補足する
<aside>

<aside>もセクションをあらわすタグですが、メインコンテンツの本文ではない補足記事や広告のような部分に対して使用します。複数の<nav>をグループ化するために使用することもできます。

≫ メインコンテンツの本文ではないセクション

要素/プロパティ

> **HTML** **<aside>補足記事など</aside>**

<section>と<article>がメインコンテンツのセクションをあらわす要素なのに対し、<aside>はメインコンテンツ以外のセクションをあらわす要素です。メインコンテンツに対する補足記事や広告のほか、読者の興味を引くために抜粋したメインコンテンツの一部などに使用できます。また、Webサイトのサイドバーによくあるような各種リンクなどのコンテンツのセクションにも使われます。なお、<aside>で囲むだけでは、表示上の変化は特にありません。

次の例では、メインコンテンツに登場する「アサギマダラ」に関する補足記事に、<aside>を使用しています。<aside>もセクションの1つなので、基本的には最初に見出しを配置し、そのあとに関連するコンテンツを配置します。ただし見出しは必須ではないので、なくてもかまいません。

```html
HTML
<aside>
    <h2>アサギマダラ</h2>
    <p>ごく薄い青色のまだら模様のある蝶。秋になると本州各地から沖縄や台湾にまで
飛んで移動することで知られる。</p>
</aside>
```

次はブログでの例です。ブログの記事はそれぞれを<article>で囲い、サイドバーに
表示する各コンテンツは<aside>で囲っています。

```html
<article>
  <h2>東北の旅 5日目</h2>
  <p> ～ </p>
  <p> ～ </p>
</article>
<article>
  <h2>東北の旅 4日目</h2>
  <p> ～ </p>
  <p> ～ </p>
</article>
<article>
  <h2>東北の旅 3日目</h2>
  <p> ～ </p>
  <p> ～ </p>
</article>

<aside>
  <h3>プロフィール</h3>
  <p> ～ </p>
</aside>
<aside>
  <h3>最新の記事</h3>
  <ul> ～ </ul>
</aside>
<aside>
  <h3>アーカイブ</h3>
  <ul> ～ </ul>
</aside>
<aside>
  <h3>カテゴリー</h3>
  <ul> ～ </ul>
</aside>
```

第1章
第2章
第3章
第4章
第5章
第6章
第7章
第8章
●Webページをつくる

SECTION 014
HTML

メインコンテンツをつくる
\<main\>

\<main\>はページ全体におけるメインコンテンツの範囲を示すタグです。1つのページ内の複数箇所に\<main\>が存在してもかまいませんが、同時に複数の\<main\>が表示されないように制御する必要があります。

≫ メインコンテンツの範囲を示す

要素/プロパティ

HTML　**\<main\>メインコンテンツ\</main\>**

\<main\>は、そのページのメインコンテンツ部分をあらわすためのタグです。たとえば、ページの内容を音声で読み上げさせる場合などに、先頭にあるナビゲーションなどのコンテンツを読み飛ばしてすぐにメインコンテンツの内容が聞けるように、その範囲を明確に示すといった役割も持っています。そのため、\<main\>～\</main\>の範囲内には、各ページで共通しているヘッダー部分の情報などは含めないようにしてください。

HTML

```
<main>
  <article>
    <h1>北海道の旅</h1>
    <p> ～ </p>
    <p> ～ </p>
  </article>
</main>
```

\<main\>は1つのページ上で1つしか表示させないようにする必要があります。1つのページ内に複数の\<main\>を配置した場合は、表示させる1つの\<main\>以外にグローバル属性のhidden属性を指定して、同時に複数の\<main\>が表示されないように制御しなければなりません。

第1章
●Webページをつくる
第2章
第3章
第4章
第5章
第6章
第7章
第8章

SECTION
015
HTML

ヘッダーやフッターをつくる
\<header> \<footer>

\<header>はヘッダーの範囲、\<footer>はフッターの範囲を示すために使用します。ヘッダーとフッターを配置できるのは、ページ全体（body要素）、メインコンテンツ（main要素）、セクションのいずれかのみです。

≫ ヘッダーとフッターの範囲を示す

要素/プロパティ

> **HTML** \<header>ヘッダー\</header>
>
> **HTML** \<footer>フッター\</footer>

\<header>と\<footer>は、その名のとおりヘッダー部分とフッター部分をあらわすための要素です。ただし、ヘッダーとフッターを設置できるのは次の要素内に限定されています（厳密には、これら以外にもセクショニング・ルートと呼ばれる要素には設置可能です）。

・body 要素（ページ全体）
・main 要素（メインコンテンツ）
・section 要素、article 要素、aside 要素、nav 要素（セクション）

\<header>と\<footer>は、自身を含むもっとも近い上記の要素のヘッダーとフッターになります。したがって、body 要素に入れた場合はページ全体のヘッダーとフッターになり、main 要素に入れればメインコンテンツのヘッダーとフッターになります。セクションをあらわす要素の中に入れた場合は、そのセクションのヘッダーとフッターになります。
\<header>のコンテンツとしては、見出しやナビゲーション、ロゴ画像、検索フォーム、目次などが入れられます。\<footer>には、copyright の記述や執筆者の名前、関連するページへのリンクなどが入ります。一般的に、\<footer>は下部に配置されるものですが、内容が前後ページへのリンクであるような場合は、上部に配置してもかまいません。

第1章
●Webページをつくる 第2章
第3章
第4章
第5章
第6章
第7章
第8章

```
<body>

  <header>
    <h1>技術評論社</h1>
    <nav>
      <ul>
        <li><a href="">ホーム</a></li>
        <li><a href="">会社案内</a></li>
        <li><a href="">製品情報</a></li>
        <li><a href="">お問い合わせ</a></li>
      </ul>
    </nav>
  </header>

  ～中略～

  <footer>
    <ul>
      <li><a href="">プライバシーポリシー</a></li>
      <li><a href="">サイトマップ</a></li>
    </ul>
    <p>
      <small>Copyright © 2020 Gihyo Inc. All Rights Reserved.</small>
    </p>
  </footer>

</body>
```

HTMLファイルにスクリプトを直接書き込む \<script>

\<script>を使用すると、JavaScriptをHTMLの中に直接書き入れることができます。また、JavaScriptだけをテキストファイルに書き込んでおいて、それをHTMLから読み込ませることも可能です。

》 JavaScriptの書ける場所

JavaScriptは、HTML文書の中で\<script>の要素内容として書き込むことができるほか、JavaScriptだけを書き込む専用のテキストファイルを用意してそれを\<script>のsrc属性で読み込ませることもできます。いずれの方法も\<script>で行いますが、両方を同時に行うことはできない点に注意してください。なお、\<script>はhead要素内とbody要素内のどちらにでも配置可能です。

》 \<script>でJavaScriptファイルを読み込む

要素/プロパティ

HTML **\<script src="○○○.js">\</script>**

JavaScriptだけを記入したテキストファイル（拡張子は.js）をHTMLから読み込ませるには、script要素にsrc属性を指定し、その値としてパスを指定します。この場合は、要素内容は入れられません。

HTML
```
<script src="sample.js"></script>
```

》 \<script>の内容としてJavaScriptを書き込む

要素/プロパティ

HTML **\<script>JavaScriptのソースコード\</script>**

第 1 章
●Webページをつくる　第 2 章
第 3 章
第 4 章
第 5 章
第 6 章
第 7 章
第 8 章

src属性を使用しない場合、<script>の要素内容としてJavaScriptを直接書き込むことができます。書き込まれたJavaScriptは、コンテンツとして表示されることはありません。

```
<script>
  calculate(document.forms.pricecalc);
</script>
```

≫ スクリプトのMIMEタイプを示す

要素/プロパティ

HTML **<script type="MIMEタイプ"></script>**

HTML5よりも前の<script>ではtype属性の指定は必須とされていましたが、現在ではデフォルトでJavaScriptと認識されるようになっています。そのため、JavaScriptを書き込んだり読み込ませる場合には指定は不要です。

現在の<script>は、モジュールスクリプトやデータブロックも扱えるようになっており、それらを利用する際はtype属性を指定します。モジュールスクリプトの場合は「module」、データブロックの場合はデータのMIMEタイプを指定してください。

≫ JavaScriptファイルの文字コードを示す

要素/プロパティ

HTML **<script src="○○○.js" charset="文字コード"></script>**

JavaScriptを記入した別個のテキストファイルを読み込ませる場合のみ、charset属性で文字コードを指定できます。JavaScript以外のファイルを読み込ませる場合や、src属性を指定していない場合は、charset属性は指定できません。

第1章
第2章 ●Webページをつくる
第3章
第4章
第5章
第6章
第7章
第8章

SECTION 017
HTML

スプリクトが動作していない
ことを示す <noscript>

スクリプトは、必ずしもすべての環境で問題なく動作するわけではありません。そのため HTMLには、スプリクトが動作していない場合のみ要素やコンテンツを追加できるしくみが 用意されています。

≫ スプリクトが動作しない環境向けの要素とコンテンンツ

要素/プロパティ

HTML **<noscript>スプリクトが動作しない環境向けの内容</noscript>**

<noscript>に入れた要素やコンテンツは、スクリプトが動作しない環境（スクリプト に未対応の環境やスクリプトが動作しないように設定されている環境）でのみ有効に なります。<noscript>がhead要素内にある場合、内容として入れられるのはlink 要素、style要素、meta要素だけです。それ以外の場所にある場合は、本来その 場所にあっても問題ない要素やコンテンツを入れることができます。
下の実行結果は、環境設定でJavaScriptを無効にした状態でのスクリーンショット です。JavaScriptが有効になっている場合は、なにも表示されません。

HTML　　　　　　　　　　　　　　　　　　　　　　　　　　　　　□ Sec017
```
<noscript>
<p>スクリプトに未対応の環境をご利用の方は、<a href="">こちらのバージョン</a>
をご利用ください。</p>
</noscript>
```

▶ 実行結果（ブラウザ表示）

> スクリプトに未対応の環境をご利用の方は、<u>こちらのバージョン</u>を
> ご利用ください。

第1章

●Webページをつくる　第2章

第3章

第4章

第5章

第6章

第7章

第8章

CSSをHTMLファイルに反映する

CSSを反映させるには、HTMLとは別のCSS専用のテキストファイルに記述したものを
<link>で読み込ませる方法と、HTML文書の中に直接書き込む方法があります。また、CSS
が書き込まれたファイルは、CSSの@importで読み込ませることもできます。

≫ HTMLの <link> でCSSファイルを読み込む

要素/プロパティ

HTML **<link rel="stylesheet" href="○○○.css">**

CSSだけを記入したテキストファイル（拡張子は.css）をHTMLから読み込ませるに
は、<link>を使用します。rel属性にはキーワード「stylesheet」を指定し、href属
性に読み込ませるCSSファイルのパスを指定します。link要素は関連するファイルを
属性で示す要素なので、開始タグだけで指定します。

なお、link要素は通常はhead要素内に配置しますが、rel属性の値が「stylesheet」
である場合に限りbody要素の内部にも配置できます。

HTML

```
<link rel="stylesheet" href="style.css">
```

≫ HTMLの <style> の内容としてCSSを書き込む

要素/プロパティ

HTML **<style>CSSのソースコード</style>**

<style>は、HTML文書の中にCSSを書き込むための要素です。<style>～</
style>の範囲にはCSSをそのまま書き込むことができ、それらはそのHTML文書
に適用されます。

なお、style要素は通常はhead要素内に配置しますが、body要素の内部にも配置
できます。

第1章

第2章 ●Webページをつくる

第3章

第4章

第5章

第6章

第7章

第8章

```
<style>
  h1 { text-align: center; }
</style>
```

» HTMLの style="○○○" の値としてCSSを書き込む

要素/プロパティ

HTML `<□□□ style="CSSのソースコード">~</□□□>`

任意の要素にstyle属性を指定して、その値としてCSSを書き込むことができます。
なお、CSSの適用先はこの属性が指定されている要素となりますので、CSSの適用
先を示すセレクタと { } は記入しません。

HTML

```
<h1 style="text-align: center;">大見出し</h1>
```

» CSSの @import でCSSファイルを読み込む

要素/プロパティ

CSS `@import "○○○.css";`

CSS `@import url("○○○.css");`

CSSだけを記入したテキストファイルは、CSSの中で読み込ませることもできます。
この場合は@importというキーワードを使用し、ファイルのパスは "○○○.css"
または url("○○○.css") の書式で指定します。なお、この書式はCSSの先頭に記
入する必要があります。ただし、次の項目で説明する @charset だけは例外です。

CSS

```
@import "contact.css";
```

第1章
●Webページをつくる 第2章
第3章
第4章
第5章
第6章
第7章
第8章

CSSの基本的な書き方
@charset

HTMLもCSSも、文字コードはUTF-8にするのが基本ですが、それ以外の文字コードを使うこともできます。ここでは、文字コードの示し方のほか、CSSの文法に関わる決まりごとについて説明します。

≫ CSSファイルの文字コードを示す

> 要素/プロパティ

> **CSS** **@charset "文字コード";**

HTMLもCSSも、文字コードはUTF-8にすることが推奨されています。もし何らかの理由で文字コードがUTF-8以外のCSSファイルを使用する必要が生じた場合には、その先頭部分で次のようにして文字コードを示します。

```
CSS
```
```
@charset "Shift_JIS";

p {
  font-size: 16px;
  color: gray;
  line-height: 32px;
}
```

この場合、@charset "文字コード"; よりも前には一切文字を入れてはいけません。そのほか、改行や半角スペースやタブ、コメントも入れられません。また、@charset の部分は必ず小文字で書き、文字コードは2重引用符("") で囲って、その直後に ; を配置する必要があります。このように書かれていない場合、@charset の書式は無視されます。

なお、CSSファイルの文字コードがUTF-8であっても、この@charsetの書式を書き込んでおくことができます。

》 CSSの書き方のパターン

CSSを構成する各部分の間には、自由に空白文字（半角スペース、タブ、改行）を入れることができます。そのため、自分で見やすいように改行やインデントなどを入れて書くことができます。

次のソースコードは、同じCSSの表示指定をそれぞれ別のパターンで書いた例です。どちらの書き方でも同様に機能します。

CSS
```
p{font-size:16px;color:gray;line-height:32px;}
```

CSS
```
p {
    font-size: 16px;
    color: gray;
    line-height: 32px;
}
```

なお、セレクタとセレクタを空白文字で区切ると、特別な意味を持ちます。複数のセレクタを組み合わせて使用する場合は、意味なく空白文字を含めるのは避けてください。セレクタの詳しい書き方については、第3章以降で解説しています。

》 大文字と小文字の区別

CSSは、一般的には小文字で記述されますが、大文字でも小文字でも同じように機能します。ただし、CSS以外の仕様で大文字と小文字が別の文字として認識されることになっているもの（HTMLのid属性の値など）については例外となります。

》 キーワードと文字列の書き分け

CSSでは、" と " で囲ってある部分は文字列と判断されます。たとえば色のキーワードである red を "red" と書いてしまうと、キーワードとしては認識されなくなり、色の指定が無効になります。

第1章

●Webページをつくる 第2章

第3章

第4章

第5章

第6章

第7章

第8章

コメントを書き込む
<!-- --> /* */

HTMLの場合は <!-- と --> で囲った範囲、CSSの場合は /* と */ で囲った範囲がコメントになります。コメントはソースコード上でのみ表示されるので、メモや注意書きを記入しておきたい場合に使用します。

第1章

第2章

●Webページをつくる

第3章

第4章

第5章

第6章

第7章

第8章

》 コメント

要素/プロパティ

HTML　**<!-- コメント -->**
CSS　**/* コメント */**

HTMLやCSSのソースコードの中に、メモや注意書きを記入したいときは、コメントの書式で書き入れます。コメントはブラウザなどで表示したときに、コンテンツとして画面に表示されることはありません。

HTMLのコメントは <!-- と --> で囲った範囲内に書きます。ただし、次のパターンのテキストだけは書き込めません。

・コメントの先頭を「>」または「->」にすることはできない
・コメント内に「<!--」「-->」「--!>」を含めることはできない
・コメントの最後を「<!-」にすることはできない

HTML

```
<!-- 2020年1月1日更新 -->
```

CSSのコメントは /* と */ で囲った範囲内に書きます。CSSのコメントは、入れ子(コメントの中にさらにコメントを入れること)ができない点に注意してください。

CSS

```
/* ヘッダーの表示指定 */
```

第 **3** 章

文章を書く

HTMLで文章をつくる

HTMLは文書内の構成要素の範囲と、それが何であるかをタグで示す言語で、表示方法は指定しません。しかし、CSSが適用されていないときでも内容がわかるように、ブラウザごとに要素の表示スタイルが用意されています。

第1章

第2章

第3章

●文章を書く

第4章

第5章

第6章

第7章

第8章

≫　ふさわしいタグを付ける

現在のHTMLでは、約100種類のタグが定義されています。といっても、それだけで世の中のすべての文書構成要素を的確に示せるわけではありません。HTMLでは、そんなときに利用可能な「範囲だけを示すタグ」が用意されています。それが<div>です。必要に応じて、<div>にclass属性やid属性を指定することでそれが何であるのかを示すこともできます。

ここで問題になるのは、本来付けるべき適切なタグがほかにあるにもかかわらず、何でもかんでも<div>のタグで囲ってしまうことです。それでは範囲はわかるものの、その部分が何であるのかがわからなくなってしまいます。

<div>に依存するようになると、HTMLの内容が<div>だらけになるため、それを区別するためにclass属性やid属性を必要以上に使うことになります。そうなるとHTMLもCSSもどんどん複雑化し、ファイルの容量が増加するだけでなく、不具合も発生しやすくなります。要素ごとに適切なタグを選んで使うことで、HTMLもCSSもシンプルなものになり、作業効率もアップします。

≫　各種要素のデフォルトの表示スタイル

HTMLでは表示方法は指定しませんが、かといってCSSを適用していないHTML文書をブラウザで表示させると、テキストファイルのように単一のフォントおよびフォントサイズで表示されるわけではありません。CSSを指定していなくても要素の特徴に合わせて表示されるように、ブラウザはそれぞれデフォルトの表示スタイルを持っています。デフォルトの表示スタイルは、ブラウザごとに微妙に異なりますが、おおまかに見ればほぼ同じようなものです。代表的なものを取り上げると、次のような表示になります。

タグ	意味	デフォルトの表示スタイル
<body>	ページ全体	上下左右に余白が設定される
<h1> 〜 <h6>	見出し	太字で階層が上の（数字が小さい）ものほど大きく表示される
<p>	段落	上下に1行分程度の余白がとられる
<hr>	区切り	横線として表示される
<strong>	重要	太字で表示される

上に挙げたのはパソコンやスマートフォンのブラウザでの例ですが、一般的なブラウザでなくてもそれぞれの環境に合わせたデフォルトの表現方法が用意されていて、内容が適切に伝わるようになっています。

しかし、もし間違ったタグが付けられていたとすると、意図しない状態で表示される可能性があります。また、<div>ばかりが使用されていたとすると、表現上の変化はなにもなくなってしまい、ただのテキストファイルと変わらなくなってしまいます。そうなってしまわないように、タグは適切なものを使いましょう。

≫ コンテンツとしての改行と余白の違い

HTMLのソースコードの中にいくら改行を入れても、ブラウザで表示させると改行された状態では表示されません。ブラウザで表示させたときに改行されるようにするためには、コンテンツとしての改行を意味する
を使用するか、ブロックレベルのタグを使用します。
は、詩や住所のように改行がコンテンツの一部である場合に使用するタグです。

一方、見出しや段落などの前後の改行は、<h1>や<p>などの適切なタグを付けることで自動的に入ります。この場合は、正確には改行が入るのではなく、異なるボックスに入れられることで改行された状態になります。

なお、余白を確保するために
を連続して使用するのは、適切な方法ではありません。要素間の余白はCSSで調整します。

見出しを付ける
\<h1\>～\<h6\>

\<h1\> ～ \<h6\>は、その部分が文書全体もしくはセクションの見出し（heading）であること
を示すタグです。CSSを指定していない状態で一般的なブラウザで表示させると、太字で階
層が上のものほど大きく表示されます。

≫ 階層順の見出し

要素/プロパティ

`HTML` **\<h1\>1番上の階層の見出し（大見出し）\</h1\>**

`HTML` **\<h2\>2番目の階層の見出し（中見出し）\</h2\>**

`HTML` **\<h3\>3番目の階層の見出し（小見出し）\</h3\>**

見出しは、その階層に応じて\<h1\>～\<h6\>のいずれかのタグで囲って示します。h
に続く数字は見出しの階層をあらわし、1が一番上の階層、6が一番下の階層となっ
ています。
一般的なWebページでは\<h1\>がそのHTML文書全体の見出しとなり、\<h2\>～
\<h6\>がセクションの見出しとして使用されます。

HTML　　　　　　`☐ Sec022`

```
<body>
  <h1>大見出し</h1>
  <section>
    <h2>中見出し</h2>
    <p>・・・</p>
    <section>
      <h3>小見出し</h3>
      <p>・・・</p>
    </section>
  </section>
</body>
```

▶ 実行結果（ブラウザ表示）

大見出し

中見出し

・・・

小見出し

・・・

段落をつくる
\<p\>

\<p\>は、その範囲が1つの段落（paragraph）であることを示すタグです。段落の先頭を1文字分あけたい場合は、全角スペースを挿入するか、CSSで「text-indent: 1em;」を指定してください。

≫ 段落

要素/プロパティ

`HTML` **\<p\>段落\</p\>**

段落は\<p\>～\</p\>で囲って示します。一般に、本文内のひとまとまりの文章は段落であると捉えて\<p\>～\</p\>で囲って示しますが、よりふさわしいタグが別にある場合はそのタグを使用してください（たとえば「問い合わせ先」をあらわすのであれば\<address\>を使用してください）。

`HTML` 　　　　　　　　　　　　　　　　　　　　　　　　　　　　□ Sec023

```
<p>
これは1つ目の段落の表示例です。　～中略～　画面上でも読みやすくしています。
</p>
<p>
これは2つ目の段落の表示例です。　～中略～　この余白はCSSで調整可能です。
</p>
```

▶ 実行結果（ブラウザ表示）

これは1つ目の段落の表示例です。一般に、ネット上の段落は先頭を一文字分あけて表示させることはしません。そのかわりに段落の前後に1行分程度のマージンをとることで、画面上でも読みやすくしています。

これは2つ目の段落の表示例です。このサンプルには特にCSSは指定していませんが、前の段落との間に1行分程度の余白があることが確認できます。この余白はCSSで調整可能です。

第1章
第2章
●文章を書く　第3章
第4章
第5章
第6章
第7章
第8章

SECTION
024
HTML

見出しや段落などをまとめる
<div>

<div>は、その範囲がなにかは特にあらわさない、ブロックレベルの要素です。複数の要素を1つの範囲としてまとめるときなどに使用します。同様のインラインの要素（フレージングコンテンツ）として、<span>があります。

第 1 章

第 2 章

●文章を書く

第 3 章

第 4 章

第 5 章

第 6 章

第 7 章

第 8 章

≫ 範囲にふさわしいタグがないときに使うブロックレベルの要素

`要素/プロパティ`

`HTML` **<div>ほかにふさわしいタグがない範囲</div>**

<div>は、ブロックレベル要素の範囲であること以外、特になにもあらわしません。<div>～</div>で囲った範囲がどのようなものかを示すには、用途に応じてグローバル属性のclass属性、id属性、title属性、lang属性などを使用してください。詳しくはSECTION 168(P.300)でも解説しています。

`HTML`　　　　　　　　　　　　　　　　　　　　　　　　　□ Sec024

```html
<main>
  <div class="inner">
    <h2>中見出し</h2>
    <p>メインコンテンツの段落A</p>
    <p>メインコンテンツの段落B</p>
  </div>
</main>
```

▶ 実行結果(ブラウザ表示)

中見出し

メインコンテンツの段落A

メインコンテンツの段落B

文章を途中で改行する
\<br\>

HTMLのコンテンツであるテキストに、ソースコード上で改行を入れても、ブラウザでは反映されません。ブラウザで見たときに改行させるにはテキスト内の改行させたい位置に\<br\>を入れてください。

>> コンテンツの一部である改行

要素/プロパティ

HTML \<br\>

コンテンツのテキストを改行して表示させたい場合には、改行させたい位置に\<br\>を挿入します。この要素の名前である「br」は、「line break(改行)」の略です。この要素は特定の範囲を囲って示す必要はなく、開始タグだけで使用します。

\<br\>は、詩や住所の表記などのように、改行がコンテンツの一部である場合のみ使用してください。また、余白はCSSで指定するので、\<br\>を連続して使って余白をつくることは避けてください。

HTML　　　　　　　　　　　　　　　　　　　　　　　　　　　🗋 Sec025

```
<p>
〒123-4567<br>
名古屋市千種区北1条西2丁目3-4<br>
ニフェーデービル7F
</p>
```

▶ 実行結果(ブラウザ表示)

```
〒123-4567
名古屋市千種区北1条西2丁目3-4
ニフェーデービル7F
```

第1章

第2章

● 文章を書く　第3章

第4章

第5章

第6章

第7章

第8章

段落の区切り線を表示する
\<hr>

\<hr>は段落と段落の間で使用し、そこで内容が切り替わることを示します。一般的なブラウザでは横線として表示されますが、最新のHTMLでは線を表示させるための要素としては使用しません。

≫ 段落レベルでの内容の区切り

要素/プロパティ

HTML **\<hr>**

\<hr>は、その位置で主題が切り替わることを示すタグです。\<hr>はセクションの内部の、段落と段落の間で使用します。主に、セクションの内部において話題が切り替わるところや、物語の場面の変わるところなどで使用します。

このタグが定義された当初は、\<hr>は横罫線(horizontal rule)を表示させるための要素でした。そのため互換性を考慮し、現在でも一般的なブラウザでは、\<hr>は横線として表示されます。

HTML   ⬚ Sec026

```
<p>段落 A </p>
<hr>
<p>段落 B </p>
```

▶ 実行結果(ブラウザ表示)

段落A
段落B

セレクタで要素を指定する

セレクタとは、CSSの書式のうち表示指定の「適用先」を示す部分のことです。ここでは、セレクタの基本的な指定方法について解説しますが、「疑似クラス」および「擬似要素」と呼ばれるセレクタについては第4章以降を参照してください。

≫ タイプセレクタ

要素/プロパティ

CSS **要素名**

セレクタにHTMLの要素名を指定すると、ページ内のその要素に表示指定が適用されます。

CSS
```
h1 { font-size: 24px; }
```

≫ ユニバーサルセレクタ

要素/プロパティ

CSS *

セレクタに * を指定すると、ページ内のすべての要素に表示指定が適用されます。

CSS
```
* { font-size: 24px; }
```

≫ 属性セレクタ

属性セレクタを使用すると、特定の属性が指定されている要素、もしくは指定した属性に特定の状態で値が指定されている要素に表示指定を適用できます。

第1章

第2章

●文章を書く　第3章

第4章

第5章

第6章

第7章

第8章

要素/プロパティ

| CSS | **[属性名]** |

| CSS | **[属性名="属性値"]** |

| CSS | **[属性名~="属性値"]** |

| CSS | **[属性名^="文字列"]** |

| CSS | **[属性名$="文字列"]** |

| CSS | **[属性名*="文字列"]** |

| CSS | **[属性名|="属性値"]** |

属性セレクタは7種類あり、それぞれの適用先は次のようになります。

[属性名]	指定した属性が指定されている要素
[属性名]	指定した属性が指定されている要素
[属性名 =" 属性値 "]	指定した属性に、指定した値が指定されている要素
[属性名 ~=" 属性値 "]	指定した属性に、指定した値が指定されている要素 ※半角スペース区切りの値のどれかと一致でも適用
[属性名 ^=" 文字列 "]	指定した属性の値が、指定した文字列ではじまる要素
[属性名 *=" 文字列 "]	指定した属性の値が、指定した文字列を含む要素
[属性名 $=" 文字列 "]	指定した属性の値が、指定した文字列で終わる要素
[属性名 |=" 属性値 "]	指定した属性に、指定した値が指定されている要素 ※ハイフン区切りの値の前半だけ一致でも適用

HTML

```
<h1 id="top">大見出し</h1>
```

CSS

```
[id="top"] { font-size: 24px; }
```

» クラスセレクタ

class属性で指定した値の直前に「.」を付けて指定することで、そのクラス名を指定している要素を適用先にできます。class属性の値が半角スペースで区切られて複数指定されている場合、その中のどれかと合致していれば適用対象となります。

> 要素/プロパティ

> **CSS** **.クラス名**

> **HTML**
> `<h1 class="top">大見出し</h1>`

> **CSS**
> `.top { font-size: 24px; }`

≫ IDセレクタ

> 要素/プロパティ

> **CSS** **#ID名**

id属性で指定した値の直前に「#」を付けて指定することで、そのID名を指定している要素を適用先にできます。

> **HTML**
> `<h1 id="top">大見出し</h1>`

> **CSS**
> `#top { font-size: 24px; }`

≫ セレクタの組み合わせ方

複数のセレクタを組み合わせる際は、必ず先頭にタイプセレクタ（要素名）またはユニバーサルセレクタ（*）を配置する必要があります。それ以降には、それ以外のセレクタを順不同で必要なだけ連結できます。

なお、ユニバーサルセレクタのあとにそのほかのセレクタが連結されている場合に限り、ユニバーサルセレクタは省略できます。

```
h1#top { font-size: 24px; }
```

》 結合子

要素/プロパティ

CSS **セレクタ セレクタ**

CSS **セレクタ>セレクタ**

CSS **セレクタ+セレクタ**

CSS **セレクタ~セレクタ**

半角スペースや特定の記号を使用してセレクタを結合させると、さらに適用先を絞り込めます。

結合子	適用先
セレクタ セレクタ	左のセレクタの適用先に含まれている、右のセレクタの適用先に適用
セレクタ > セレクタ	左のセレクタの適用先の子要素である、右のセレクタの適用先に適用
セレクタ + セレクタ	左のセレクタの適用先の直後にある、右のセレクタの適用先に適用
セレクタ ~ セレクタ	左のセレクタの適用先よりもあとにある、右のセレクタの適用先に適用

CSS

```
article header>h2 { color: red; }
```

》 複数の適用先を指定する方法

要素/プロパティ

CSS **セレクタ, セレクタ, セレクタ, …**

適用先は「,」で区切ることで、複数指定できます。たとえば次のように指定すると、h1要素、h2要素、p要素の文字色が赤になります。

CSS

```
h1, h2, p { color: red; }
```

CSSの優先順位

CSSは様々な場所に書き込めるため、同じ適用先に対して異なる表示方法が指定されてしまうこともあります。ここでは、表示指定が競合した場合に優先させる表示指定を決めるルールと計算方法について説明します。

≫ ユーザーやブラウザのCSSと競合した場合の優先順位

CSSは、Webページをつくった人しか指定できないものではありません。ブラウザによって異なりますが、ユーザーが独自にCSSを書いて適用できる機能が搭載されているものや、ブラウザ独自のCSSがHTML文書のデフォルトの表示スタイルとなっているものもあります。

このようにCSSは「制作者」「ユーザー」「ブラウザ」の3者で適用可能となっているため、これらの間でも表示指定が競合する場合があります。しかし、この場合の優先順位はあらかじめ決められています。

制作者のCSS

優先順位

ユーザーのCSS

ブラウザのCSS

≫ !important で優先順位を上げる方法

要素/プロパティ

CSS プロパティ: 値 !important;

第 1 章

第 2 章

●文章を書く 第 3 章

第 4 章

第 5 章

第 6 章

第 7 章

第 8 章

CSSの表示指定において、プロパティの値のあとに空白文字を入れてから「!important」と記入すると、その表示指定がもっとも優先されるようになります。

```css
h1 { font-size: 24px !important; }
```

「制作者」「ユーザー」「ブラウザ」の3者とも!importantを付けて指定した場合の優先順位は、次のように逆転します。

» 使われているセレクタの種類と個数から優先順位を計算する

CSSをHTMLに組み込むには、link要素、style要素、style属性のいずれかを使用します。style属性による表示指定は、link要素やstyle要素による指定よりも常に優先されます。

style属性による指定ではセレクタを使いませんが、link要素とstyle要素でHTMLに組み込む表示指定には、必ずセレクタがあります。link要素またはstyle要素で組み込んだCSSの優先順位は、そのセレクタによって決定されます。セレクタ全体に含まれるセレクタの種類ごとの個数を数え、それを3桁の数字にして大きいものほど優先されます。3桁の数字が同じ場合は、よりあとの指定が優先され、あとの指定が前の指定を上書きします。

第1章
第2章
●文章を書く
第3章
第4章
第5章
第6章
第7章
第8章

3桁の数字は次のようにして作成します。

- セレクタに含まれる要素関連のセレクタの数を1桁目の数字にする
- セレクタに含まれる属性関連のセレクタ（IDセレクタを除く）の数を2桁目の数字にする
- セレクタに含まれるIDセレクタの数を3桁目の数字にする
- ユニバーサルセレクタ（*）は無視する

1桁目の数字にする「要素関連のセレクタ」とは、具体的にはタイプセレクタ（要素名）と擬似要素（第4章で解説）を指します。2桁目の数字にする「属性関連のセレクタ」とは、属性セレクタ、クラスセレクタ、擬似クラス（第5章以降で解説）を指します。

たとえば、セレクタが「h1」であれば、3桁の数字は「001」となります。「.top」なら「010」、「#top」なら「100」、「h1#top」なら「101」、「.wrapper header>h2」なら「012」となります。

なお、この3桁のそれぞれの数字は、10を超えても繰り上がりません。たとえば、10個のタイプセレクタで構成されるセレクタは、「020」になるのではなく、16進数の「00A」のような繰り上がらない3桁となります。

第1章

第2章

●文章を書く 第3章

第4章

第5章

第6章

第7章

第8章

CSSで指定する値の単位

CSSで使用される長さの単位は2種類あり、「絶対的な長さ」をあらわすものと、「相対的な長さ」をあらわすものに分けられます。相対的な単位はさらに「フォントに対して相対的なもの」と、「ビューポートに対して相対的なもの」の2種類に分類できます。

≫ CSSでの長さをあらわす単位の使い方

CSSでフォントサイズや線の太さ、ボックスの横幅といった「大きさ」「太さ」「長さ」「距離」をあらわす場合には、数値に単位を付けて指定できます。数値は整数と小数のどちらでもよく、それらの直後にスペースなどを入れずに単位を付けます。

HTML   Sec029

```html
<h1>大見出し</h1>
<h2>中身出し</h2>
<h3>小見出し</h3>
```

CSS   Sec029

```css
h1 { font-size: 24pt; }
h2 { font-size: 18pt; }
h3 { font-size: 1rem; }
```

▶ 実行結果(ブラウザ表示)

大見出し

中身出し

小見出し

≫ 相対単位（フォントに関連する単位）

フォントに関連する相対単位には、次の4種類があります。emとremは要素のフォントサイズを参照して大きさを決めますが、font-sizeプロパティ自身に使用することも可能です。font-sizeプロパティの値にemが使われた場合、親要素のフォントサイズを1として値が計算されます。html要素のfont-sizeプロパティの値にremが使われた場合は、フォントサイズの初期値を1とした値になります。

em	その要素のフォントサイズを1とする単位
rem	html 要素のフォントサイズを1とする単位。rem は root em の意味
ex	その要素の小文字 x の高さ（x-height）を1とする単位
ch	その要素の半角数字の0の幅を1とする単位

≫ 相対単位（ビューポートに関連する単位）

ビューポートとは、Webページを表示させる領域のことです。一般的に、パソコンであればブラウザのウインドウ内のWebページを表示させる領域、スマートフォンであれば画面全体がビューポートとなります。ビューポートに関連する相対単位には、次の4種類があります。

vw	ビューポートの幅の 1% を1とする単位
vh	ビューポートの高さの 1% を1とする単位
vmin	ビューポートの幅と高さのうち、短い方の 1% を1とする単位
vmax	ビューポートの幅と高さのうち、長い方の 1% を1とする単位

≫ 絶対単位

絶対的な長さをあらわす単位には、次の7種類があります。単位pxは、古いバージョンのCSSでは相対単位として定義されていましたが、現在では絶対単位として定義されています。一般的な用語の「ピクセル」と区別するために、「CSSピクセル」と呼ばれることもあります。

px	1/96 インチ。px は pixel の略
pt	1/72 インチ。pt は point の略
pc	1/6 インチ。pc は pica の略
in	2.54cm。in は inch の略
cm	センチメートル
mm	ミリメートル
q	1/4 ミリメートル。q は quarter-millimeter の略

行の高さを指定する
line-height

CSSでは行間を指定することはできませんが、line-heightプロパティで行の高さを指定できます。値として単位を付けない数値を指定すると、行の高さはフォントサイズにその数値を掛けた高さになります。

第1章

第2章

第3章

●文章を書く

第4章

第5章

第6章

第7章

第8章

》 行の高さを数値で指定

要素/プロパティ

CSS **line-height: 行の高さ;**

line-heightプロパティの値には、単位を付けない数値と付けた数値のいずれかが指定できます。単位を付けずに数値を指定した場合、行の高さはフォントサイズにその数値を掛けた高さになります。また、数値に％を付けて指定すると、フォントサイズに対するパーセンテージとなります。行の高さを標準の状態に戻したい場合は、キーワード「normal」を指定してください。

HTML　　　　　　　　　　　　　　　　　　　　　　　　　　📄 Sec030_1

```
<p>これは段落内の文章です。・・・ </p>
```

CSS　　　　　　　　　　　　　　　　　　　　　　　　　　📄 Sec030_1

```
p { line-height: 1.8; }
```

▶ 実行結果(ブラウザ表示)

これは段落内の文章です。これは段落内の文章です。これは段落内の文章です。これは段落内の文章です。これは段落内の文章です。これは段落内の文章です。これは段落内の文章です。これは段落内の文章です。これは段落内の文章です。

CSSのプロパティの中には、セレクタで指定した要素だけに値を適用するものと、指定した要素の内部の要素にも値を適用するものとがあります。line-height プロパティは、内部の要素にも値を適用するプロパティです。

この仕様に関連して問題となるのは、値を内部の要素にも適用させる際には「計算結果の値」を適用する決まりになっている点です。たとえば「line-height: 200%;」を指定した場合、適用先のフォントサイズが「15px」であれば、内部の要素には「30px」という固定値が適用されます。それでも内部の要素のフォントサイズがすべて15pxであれば問題は生じませんが、一部のフォントサイズが50pxだったりすると、行内に収まりきらずにテキストが重なって表示されることになります。

このような問題を避けるために、line-height プロパティに単位を付けない数値を指定した場合に限り、計算結果の値ではなく、line-height プロパティに指定した値をそのまま内部にも適用する仕様となっています。一般に、line-height プロパティには単位を付けない値が指定されます。

HTML 　□ Sec030_2

```
<h1>これは大見出しです。これは大見出しです。</h1>
```

CSS 　□ Sec030_2

```
body { line-height: 2em; }
```

▶ **実行結果(ブラウザ表示)**

上のサンプルは、「line-height: 2em;」の単位を削除して「line-height: 2;」にすることで、見出しの文字が重ならなくなります。

行の文字揃えを指定する
text-align

テキストの行揃えは、text-alignプロパティで設定します。値は、左揃えなら「left」、右揃えなら「right」、中央揃えなら「center」、両端揃えなら「justify」というようにキーワードで指定します。

第1章

第2章

第3章 ●文章を書く

第4章

第5章

第6章

第7章

第8章

≫ 行を揃える方向を指定

要素/プロパティ

CSS **text-align: 行を揃える方向;**

text-alignプロパティは、テキストの行揃えを設定するプロパティです。かつてはこのプロパティは単純に行揃えを指定するだけのプロパティでしたが、現在ではtext-align-allプロパティとtext-align-lastプロパティの両方の機能を併せ持ったショートハンドプロパティとなっています（ショートハンドプロパティとは、複数のプロパティの値をまとめて指定可能なプロパティのことです）。text-alignプロパティには、次の値が指定できます。

left	左揃えにする
right	右揃えにする
center	中央揃えにする
justify	両端揃えにする（最終行は除く）
justify-all	両端揃えにする（最終行を含む）
start	行の開始側に揃える（日本語の場合は左揃え）
end	行の終了側に揃える（日本語の場合は右揃え）
match-parent	親要素と同じにする

日本語の場合、値「start」は「left」と同じで、値「end」は「right」と同じになります。右側から左に書き進める言語もしくはそのように設定されている場合は「start」は「right」、「end」は「left」と同じになります。

HTML　　　　　　　　　　　　　　　　　　　　　　　　　　　　□ Sec031

```
<h1>大見出し</h1>
<p>これは段落内の文章です。・・・ </p>
```

```
CSS                                                    [ ] Sec031
h1 { text-align: center; }
p  { text-align: right; }
```

▶ 実行結果（ブラウザ表示）

大見出し

これは段落内の文章です。これは段落内の文章です。これは段落内
の文章です。

» 両端揃えの最後の行の扱い

text-alignの値「justify」と「justify-all」の違いは、行の途中までしかテキストがな
い行（行の途中で改行されている場合や、段落の末尾など）の表示方法です。
「justify」を指定した場合は、行の途中までしかテキストがない行は両端揃えにはな
りません。「justify-all」を指定すると、行の途中までしかテキストがない行も含め、
すべての行が両端揃えになります。
ただし、現時点では「justify-all」に対応していないブラウザもあるので、使用すると
きは注意してください。

段落をインデントする
text-indent

text-indentプロパティは、ブロックレベル要素の1行目のインデント(字下げ) を設定するプロパティです。単位を付けた数値を指定すると、その分だけインデントされた状態で表示されます。

» インデントの量を指定

要素/プロパティ

CSS **text-indent: インデントの量;**

ブロックレベル要素に指定して、1行目の先頭部分にインデント(字下げ) を設定するプロパティです。単位を付けた数値のほか、%で指定することもできます。%の場合は、指定したブロックレベル要素の幅に対するパーセンテージとなります。

HTML	🗋 Sec032

```
<p>これは段落内の文章です。・・・</p>
```

CSS	🗋 Sec032

```
p { text-indent: 1em; }
```

▶ 実行結果(ブラウザ表示)

> 　これは段落内の文章です。これは段落内の文章です。これは段落内の文章です。これは段落内の文章です。これは段落内の文章です。これは段落内の文章です。

段落の2行目以降をインデントする
text-indent: -1em;

text-indentプロパティにはマイナスの値も指定できます。マイナスで指定すると、1行目の先頭部分は左側にはみ出して表示されます。これを利用して、2行目以降がインデントされているように見せることができます。

≫ マイナスのインデントを指定

要素/プロパティ

CSS **text-indent: -1em;**

値に「-1em」を指定すると、1行目の先頭部分が1文字分左側にはみ出します。このように指定することで、相対的に2行目以降が1文字分インデントしているように見せることができます。

次の例で使用しているmarginは、余白を設定するプロパティです。1行目の先頭部分を1文字分左側にはみ出させると、左側の余白がなくなるため、p要素の上下左右に2文字分の余白を設定しています。

HTML　　　　　　　　　　　　　　　　　　　　　　　　　　　🗋 Sec033

```
<p>※これは段落内の文章です。・・・</p>
```

CSS　　　　　　　　　　　　　　　　　　　　　　　　　　　🗋 Sec033

```
p {
  margin: 2em;
  text-indent: -1em;
}
```

▶ 実行結果(ブラウザ表示)

※これは段落内の文章です。これは段落内の文章です。これは段落内の文章です。これは段落内の文章です。これは段落内の文章です。これは段落内の文章です。

第 1 章

第 2 章

●文章を書く　第 3 章

第 4 章

第 5 章

第 6 章

第 7 章

第 8 章

SECTION 034
CSS

文字の間隔を指定する
letter-spacing

文字間隔を指定するには、letter-spacingプロパティを使用します。値には、標準状態からどれだけ広くするか、または狭くするかを単位付きの数値で指定します。スペースなどで文字間隔を広くすると、検索や音声での読み上げに影響しますので注意してください。

» 文字間隔を単位付きの数値で指定

要素/プロパティ

CSS letter-spacing: 文字間隔;

文字間隔を広くしたい場合は、標準の文字間隔に加えて広くしたい分の長さを、正の数値に単位を付けて指定してください。間隔を標準よりも狭くしたい場合は、負の数値を指定してください。標準の状態に戻したい場合は、キーワード「normal」を指定します。なお、このプロパティで指定した文字間隔は、行の先頭と末尾には適用されません。

HTML　　　　　　　　　　　　　　　　　　　　　　　　　🗋 Sec034

```
<h3>文字の間隔を指定する</h3>
```

CSS　　　　　　　　　　　　　　　　　　　　　　　　　🗋 Sec034

```
h3 { letter-spacing: 1em; }
```

▶ 実行結果(ブラウザ表示)

文 字 の 間 隔 を 指 定 す る

SECTION 035
CSS

単語と単語の間隔を指定する
word-spacing

単語と単語の間隔を指定するには、word-spacingプロパティを使用します。値には、標準状態からどれだけ広くするか、または狭くするかを単位付きの数値で指定します。このプロパティは、英語のようにスペースで単語を区切って表記する言語でのみ有効となります。

≫ 単語と単語の間隔を単位付きの数値で指定

要素/プロパティ

CSS word-spacing: 単語と単語の間隔;

単語と単語の間隔を広くしたい場合は、標準の間隔に加えて広くしたい分の長さを正の数値に単位を付けて指定してください。間隔を標準よりも狭くしたい場合は、負の数値を指定してください。標準の状態に戻したい場合は、キーワード「normal」を指定します。なお、このプロパティは日本語には適用されません。

HTML　　　　　　　　　　　　　　　　　　　　　　　　　　　🗋 Sec035

```html
<h3>Spacing behavior between words.</h3>
```

CSS　　　　　　　　　　　　　　　　　　　　　　　　　　　　🗋 Sec035

```css
h3 { word-spacing: 1.5em; }
```

▶ 実行結果(ブラウザ表示)

Spacing　　behavior　　between　　words.

SECTION 036

CSS

文章を縦書きにする
writing-mode: vertical-rl;

writing-modeプロパティは、要素内容のテキストを縦書きと横書きのどちらで表示させるのかを設定します。縦書きを指定する場合は、行が右から左へと進むのか左から右へと進むのかも指定できます。

≫ 縦書きか横書きかを指定

要素/プロパティ

CSS **writing-mode: vertical-rl;**

要素内容のテキストを縦書きで表示させる場合は、「vertical-rl」を指定します。「vertical」は「縦」を意味し、「rl」は「right-to-left」を意味します。このキーワードを指定すると、右側から左側へと読み進める縦書きになります。writing-modeプロパティに指定できる値は次のとおりです。なお、「lr」は「left-to-right」を意味し、「tb」は「top-to-bottom」を意味しています。

vertical-rl	縦書きにする。行は右から左へと進む
vertical-lr	縦書きにする。行は左から右へと進む
horizontal-tb	横書きにする。行は上から下へと進む

HTML　　　　　　　　　　　　　　　　□ Sec036

```
<h1>縦書き</h1>
<p>　これは段落内の文章です。・・・</p>
```

CSS　　　　　　　　　　　　　　　　□ Sec036

```
body { writing-mode: vertical-rl; }
```

▶ **実行結果** (ブラウザ表示)

縦書き

　これは段落内の文章です。これは段落内の文章です。これは段落内の文章です。これは段落内の文章です。これは段落内の文章です。これは段落内の文章です。これは段落内の文章です。

改行のルールを指定する
line-break

line-breakプロパティを使用すると、どの程度の禁則処理を行うのかを設定できます。この設定によって、行頭が「！」「？」などの記号から開始されたり、行頭に小さなひらがなやカタカナが来ることを避けられます。

≫ どの程度の禁則処理を行うのかを指定

要素/プロパティ

CSS **line-break: 禁則処理の程度;**

禁則処理とは、句読点や記号、小さなひらがなやカタカナなどが行頭に来ないように改行位置をずらす処理を指します。次の値が指定できます。

auto	ブラウザが自動的に処理する
loose	ゆるい禁則処理を行う
normal	一般的な禁則処理を行う（「！」や「？」が行頭に来なくなるなど）
strict	厳しい禁則処理を行う（値「normal」の処理に加え、「ぁ」や「ァ」といった小さなひらがなやカタカナが行頭に来なくなるなど）
anywhere	禁則処理を行わない

HTML 📄 Sec037

```
<p>
「えっ、CSS が禁則処理に対応してるんですか？」とマッキーは言った。
</p>
```

CSS 📄 Sec037

```
p   { line-break: strict; }
```

▶ 実行結果（ブラウザ表示）

「えっ、CSSが禁則処理に対応してるんですか？」とマッキーは
言った。

第 1 章

第 2 章

第 4 章

第 5 章

第 6 章

第 7 章

第 8 章

単語の途中で文を改行しない
word-break: keep-all;

英語のような言語とは異なり、日本語の文章は単語の途中であるかどうかに関係なく改行します。これを単語の途中では改行しないようにするには、word-breakプロパティの値に「keep-all」を指定します。

≫ 単語の途中で文を改行させないように指定

要素/プロパティ

CSS **word-break: keep-all;**

日本語、中国語、韓国語も含め、単語の途中でも改行するかしないかを設定します。単語の途中で改行しないようにするには「keep-all」を、どこでも改行可能にするには「break-all」を指定してください。

HTML　　　　　　　　　　　　　　　　　　　　　　　Sec038

```
<p>
日本語の単語の途中でも、改行はしません。日本語の単語の途中でも、改行はしません。
日本語の単語の途中でも、改行はしません。日本語の単語の途中でも、改行はしません。
</p>
```

CSS　　　　　　　　　　　　　　　　　　　　　　　Sec038

```
p { word-break: keep-all; }
```

▶ 実行結果(ブラウザ表示)

日本語の単語の途中でも、改行はしません。日本語の単語の途中でも、
改行はしません。日本語の単語の途中でも、改行はしません。
日本語の単語の途中でも、改行はしません。

文字を強調する、装飾する

文字の強調と装飾

HTMLのタグの中には、特にCSSを指定しなくても太字で表示されるものや斜体で表示されるものがあります。しかしそれはブラウザのデフォルト表示がそうなっているだけで、それを基準に使うかどうかを考えるべきではありません。

第1章

第2章

第3章

第4章

●文字を強調する、装飾する

第5章

第6章

第7章

第8章

》 昔のHTMLには表示指定のタグがあった

上付き文字と下付き文字を指定するタグを除けば、最新のHTML（HTML5）には表示指定のためのタグはありません。しかし、それ以前のHTMLには、表示指定のために次のようなタグが用意されていました。

- ・\<b>　　　　→ bold = 太字
- ・\<i>　　　　→ italic = イタリック
- ・\<u>　　　　→ underline = 下線
- ・\<hr>　　　→ horizontal rule = 横罫線
- ・\<big>　　　→大きな文字
- ・\<small>　　→小さな文字

HTML5は表示指定をする要素と属性を排除する方針で策定されたため、これらのうちのいくつかは廃止され、いくつかは意味が変更されました。意味が変更されて残っているタグがあるのは、そのタグが必要だからです。たとえば、太字にするためのタグをすべて廃止してしまったとしたら、文章の一部を太字にする場合はどのタグを使用すればよいのでしょうか？　CSSで太字にするとしても、その範囲を示すためにはいずれかのタグを付ける必要があります。「ここは普通なら太字にする部分です」という範囲を示せるタグがないと、やはり困るわけです。

そこでHTML5では「なぜ太字にするのか」という理由を考え、そこから導き出した意味をそのタグに持たせています。たとえば「重要な部分だから」といった理由や、「文章中のキーワードや製品名は目立つようにした方がわかりやすいから」といった理由などです。そうすれば太字が表現できない環境（たとえば太字のフォントが表示できない環境や音声で読み上げる環境など）でも、その部分を別の表現方法であらわすことが可能になります。

文章の装飾パターンは言語によって異なる

「太字にする理由」や「イタリックにする理由」などは、言語の種類や各国の習慣などによって異なります。たとえば、英語であればイタリックが比較的多く使用されますが、日本語の場合はイタリックはあまり使用されません。しかしこれは、英語では「イタリックにする理由」はたくさんあるけれど、日本語の場合は同様の理由はあまりない、ということではありません。英語ではイタリックにする部分を、日本語では多くの場合別の表現方法であらわす習慣になっているだけです（たとえばフォントを変えたり、カギカッコで括ったり、圏点を付けたり、字下げをしたり、線を引くなど）。

タグのあらわす意味を知ることの重要性

アイコンフォントのような特殊な用途を除けば、これまで日本語のWebページで\<i\>を使う機会はあまりなかったのではないでしょうか？　一般的な日本語での用途で\<i\>を使うとなると、生物の学名を表記するときなど、ほぼ限定されていたと思われます。

しかし、英語（HTMLの仕様）ではこのような意味をあらわすために\<i\>を使っていたと理解できれば、これまで使わなかった\<i\>も利用する機会が出てきます。「イタリック」にするタグなら使い道はなくても、「本文の中でそこだけ違っている部分」であることを示すタグであれば日本語でも使いどころはあります。イタリックで表示されるのは、ブラウザのデフォルトの表示で設定されているだけなので、CSSで変更できます。問題は、そのタグがどのようなものをあらわすためのものなのかを正しい知識として知っているかどうかです。正しい知識に基づいてタグを付けることにより、より多くの環境で利用可能な互換性の高いデータとなります。

第1章

第2章

第3章

●文字を強調する、装飾する 第4章

第5章

第6章

第7章

第8章

文章の一部を強調する
\<em> \<strong>

\<em>は強調している部分、\<strong>は重要な部分をあらわすタグです。\<strong>は元々は\<em>よりも強い強調をあらわすタグでしたが、HTML5から意味が変更されました。\<em>は、タグを付ける場所によって文章の意味が変化する点に注意してください。

≫ 強調

要素/プロパティ

> **HTML** **\<em>強調している部分\</em>**

\<em>はその部分を強調していることを示すタグです。入れ子にすることでさらに強調の度合いを高めることも可能です。一般的なブラウザではイタリックで表示されますが、日本語の場合は通常、CSSで表示方法を変更して使用します。

HTML　　　　　　　　　　　　　　　　　　　　　　📄 Sec040_1

```
<p>私は<em>動物園</em>に行きたい。</p>
```

▶ 実行結果（ブラウザ表示）

> 私は*動物園*に行きたい。

\<em>による強調は、それを指定する場所によって文章の意味を変化させる点に注意してください。上の例であれば、「私は（植物園ではなくて）動物園に行きたい」というように、ほかの場所ではなく「動物園」に行きたいという意味をあらわす文章になります。これがもし、「私は」の部分が強調されていたら、「（弟は違うかもしれないけれど）私は動物園に行きたい」というように、自分の意思を伝えることに主眼を置いた文章になります。

要素/プロパティ

HTML **<strong>重要な部分</strong>**

<strong>はその部分が重要や重大であることを示すタグです。緊急性のある部分を
あらわすために使用することも可能です。一般的なブラウザでは太字で表示されま
す。

<em>と同様に、入れ子にすることで意味の度合いを高めることができます。ただし
<em>とは異なり、<strong>が文章の意味合いを変化させることはありません。

HTML   📄 Sec040_2

```
<p>使用後は必ず<strong>電源をオフ</strong>にしてください。</p>
```

▶ 実行結果（ブラウザ表示）

使用後は必ず**電源をオフ**にしてください。

文章の一部を区別する
<b> <i> <u>

<b><i><u>はいずれもHTML5で意味の変更されたタグです。元は<b>はbold（太字）、<i>はitalic（斜体）、<u>はunderline（下線）のためのタグでしたが、現在では新しい意味が与えられています。

≫ 目立たせたい部分

要素/プロパティ

HTML **<b>単純に目立たせたい部分</b>**

<b>は、実用的な意味で注目してほしい部分であることを示すタグです。そこが重要な部分であるといった意味合いや、ほかとは違っている部分であるといった意味合いを特に持っていない部分に対して使用します（前者には<strong>、後者には<i>が適しています）。たとえば、なにかの概要説明の中で使われる「キーワード」や、レビュー記事における「製品名」や「リード文」などに使用します。

HTML　　　　　　　　　　　　　　　　　　　　　　　□ Sec041_1

```
<p>この記事では、新機種 <b>iMakan EX</b> の使用感を紹介します。</p>
```

▶ 実行結果（ブラウザ表示）

> この記事では、新機種 **iMakan EX** の使用感を紹介します。

ほかのテキストとは異なる部分

要素/プロパティ

HTML **\<i\>ほかとは違う部分\</i\>**

\<i\>は、全体のテキストの中でその部分だけが「ほかとは違う」ことを示すタグです。たとえば、物語の中でこれまで語っていた人とは異なる人が語っている範囲や、英文の中でそこだけフランス語で表記されている部分などで使われます。そのほか、学名、専門用語、船名などをあらわす際にも使用します。

HTML   □ Sec041_2

\<p\> クビアカツヤカミキリ(\<i\>Aromia bungii\</i\>)は特定外来生物です。\</p\>

▶ **実行結果(ブラウザ表示)**

クビアカツヤカミキリ (*Aromia bungii*) は特定外来生物です。

要素/プロパティ

HTML `<u>`中国語の固有名詞やスペルミスの箇所`</u>`

`<u>`は、発音上はあらわれないけれども、表示上では明確に示される、テキスト以外による注記が付けられている範囲を示すタグです。このように説明するととても難解に感じられるかもしれませんが、`<u>`は元々下線(underline) を表示させるためのタグで、この説明も「下線」が引かれることを念頭に置いたものです。中国語の固有名詞をあらわす場合や、スペルが間違っている箇所を示す場合などに使用されます。

このタグは日本語では使う機会はほとんどなく、多くの場合よりふさわしいタグがほかにあることが予想されます。また、下線を付けることにより、そこがリンクであると勘違いするユーザーもいますので、リンクと混同されることのないように注意して使用する必要があります。

HTML 〔□ Sec041_3〕

```
<p>I <u>habu</u> a pen.</p>
```

▶ 実行結果(ブラウザ表示)

I <u>habu</u> a pen.

文字にマーカーを付ける
\<mark\>

\<mark\> 〜 \</mark\>で囲われた範囲は、一般的なブラウザでは黄色い蛍光ペンで線を引いたように表示されます。「元々そうなっているわけではないけれど目立たせて見せたい部分」に対して使用します。

≫ 文書において注目すべき部分

要素/プロパティ

HTML **\<mark\>注目してほしい部分\</mark\>**

\<mark\>は、現在説明している部分がわかるように目立たせてある部分を示すタグです。このタグを使った部分は、一般的なブラウザでは「黄色い蛍光ペンで線を引いた状態」になります。このことからもわかるように、このタグは元の文章ではそうなっていなくても「ここに注目してほしい」という意味で示す目的で使用されます。たとえば、有名な作家の文章を引用し、その引用文では特に範囲の示されていない文章の一部分を引き合いに出すために目立たせたい部分などに使用します。また、検索した結果の一覧で、検索に使用された言葉を示す場合などにも使用されます。

HTML　　　　　　　　　　　　　　　　　　　　　　　　　　　　　📄 Sec042

```
<p>ここでぜひ注目してほしいのは「夜の底」という表現です。</p>
<blockquote>
<p>　国境の長いトンネルを抜けると雪国であった。<mark>夜の底</mark>が白くなった。</p>
</blockquote>
```

▶ 実行結果（ブラウザ表示）

ここでぜひ注目してほしいのは「夜の底」という表現です。

　　国境の長いトンネルを抜けると雪国であった。夜の底が白くなった。

● 文字を強調する、装飾する 第 **4** 章

第 1 章
第 2 章
第 3 章
第 5 章
第 6 章
第 7 章
第 8 章

コピーライトを示す
\<small\>

\<small\>は元々は標準よりもフォントサイズを小さくして表示させるタグでした。HTML5からは、本文の領域の外に掲載される注釈のような部分に対して使用するタグに変更されています。

欄外の注釈

> 要素/プロパティ

HTML **\<small\>欄外の注釈的なテキスト\</small\>**

\<small\>は、本文が掲載されている領域の外に小さな文字で書いてある注釈のようなテキストをあらわすタグです。一般にフッターのコピーライトの表記に使用されるほか、免責事項、警告、法的規制を掲載する際にも使用されます。

HTML   📄 Sec043

```
<footer>
<p><small>Copyright © 2019 All Rights Reserved by Gijutsu-Hyohron Co.,
Ltd.</small></p>
</footer>
```

▶ 実行結果(ブラウザ表示)

Copyright © 2019 All Rights Reserved by Gijutsu-Hyohron Co., Ltd.

第1章

第2章

第3章

第4章

●文字を強調する、装飾する

第5章

第6章

第7章

第8章

SECTION 044 HTML

上付き文字や下付き文字にする
<sup> <sub>

コンテンツの一部を上付き文字にするには、その範囲を\<sup\> 〜 \</sup\>で囲みます。同様に、下付き文字にするには、その範囲を\<sub\> 〜 \</sub\>で囲みます。

≫ 上付き文字、下付き文字

要素/プロパティ

> **HTML** **\<sup\>上付き文字\</sup\>**
>
> **HTML** **\<sub\>下付き文字\</sub\>**

\<sup\>は superscript の略で、その部分が上付き文字であることをあらわします。同様に、\<sub\>は subscript の略で、その部分が下付き文字であることをあらわします。\<sup\>と\<sub\>は、これらを使用しなければコンテンツの意味が変わってしまうような部分でのみ使用してください。

HTML　　　　　　　　　　　　　　　　　　　　📄 Sec044

```
<p>E=mc<sup>2</sup></p>
<p>H<sub>2</sub>0</p>
```

▶ 実行結果（ブラウザ表示）

$E=mc^2$

H_2O

SECTION
045
HTML

文字にふりがなを振る
\<ruby\> \<rt\> \<rp\> \<rtc\>

漢字にふりがなを振るには、最低限\<ruby\>と\<rt\>の2種類のタグを使う必要があります。これらのタグに未対応の環境にも対応させる場合は、そこに\<rp\>タグも加えます。このほかに、ルビを振る対象の文字を示すタグと、複数のルビを表示させるためのタグがあります。

》 最低限のルビ

要素/プロパティ

> **HTML** **\<ruby\>漢字\<rt\>ふりがな\</rt\>\</ruby\>**

rubyという要素名は日本語の「ルビ」、つまり「ふりがな」を意味しています。テキストにルビを振るには、はじめにルビを振る範囲を\<ruby\>～\</ruby\>で囲います。\<ruby\>以外のルビ関連のタグはすべて\<ruby\>～\</ruby\>の中で使用します。
ルビを振る漢字の直後に\<rt\>～\</rt\>を配置し、その内容として「ふりがなとして表示させたいテキスト」を入れると漢字にふりがなが振られた状態で表示されるようになります。rtという要素名は「ruby text」を略したものです。

HTML　　　　　　　　　　　　　　　　　　　　　　□ Sec045_1

\<ruby\>忖度\<rt\>そんたく \</rt\>\</ruby\>

▶ 実行結果(ブラウザ表示)

そんたく
忖度

HTML `<ruby><rb>漢字</rb><rt>ふりがな</rt></ruby>`

ルビの表示に影響するタグではないですが、ふりがな部分だけでなく、漢字部分を囲って示すタグも用意されています。それが`<rb>`です。rbの「b」は「base text」を略したものです。

このタグは付けても付けなくても表示に変化はありません。通常は使わなくても差し支えありませんが、漢字部分にCSSを適用する場合に使うと、セレクタで指定しやすくなります。

HTML　　　　　　　　　　　　　　　　　　　　　□ Sec045_2

`<ruby><rb>忖度</rb><rt>そんたく</rt></ruby>`

▶ 実行結果（ブラウザ表示）

> そんたく
> 忖度

●文字を強調する、装飾する

≫ ルビに未対応の環境用のカッコ

要素/プロパティ

HTML `<ruby>漢字<rp>（</rp><rt>ふりがな</rt><rp>）</rp></ruby>`

`<ruby>` と `<rt>` だけでルビを表示させている場合、これらのタグに未対応のブラウザでは次のように表示されます。

▶ 実行結果（未対応のブラウザ表示）

> 忖度そんたく

ルビに未対応のブラウザでは `<ruby>` も `<rt>` も無視され、漢字部分とふりがな部分のテキストが続けて表示されるため、このような表示結果となります。

`<rp>` を追加すると、このふりがな部分を（ ）内に表示させることができます。`<rp>` は、ルビに対応したブラウザで表示させたときには要素内容を表示しないタグです。「`<rt>`ふりがな`</rt>`」の直前に「`<rp>`（`</rp>`」、直後に「`<rp>`）`</rp>`」を配置しておくと、未対応の環境でのみふりがな部分が（ ）内に表示されるようになります。

次に示したのは、ルビに対応したブラウザと未対応のブラウザでの表示結果です。

HTML　　　　　　　　　　　　　　　　　　　　　　　□ Sec045_3

`<ruby>忖度<rp>（</rp><rt>そんたく</rt><rp>）</rp></ruby>`

▶ 実行結果（ブラウザ表示）

> そんたく
> 忖度

▶ 実行結果（未対応のブラウザ表示）

> 忖度（そんたく）

> **HTML** **\<ruby\>漢字\<rt\>ふりがな\</rt\>\<rtc\>\<rt\>ふりがな\</rt\>\</rtc\>**
> **\</ruby\>**

HTMLのルビは、ここまで説明してきた通常のルビとは別に、もう1つ異なるルビを
表示できる仕様になっています。そのもう1つのふりがなを囲って示すのが、\<rtc\>
です。

2020年1月現在、このタグに対応しているブラウザはFirefoxのみです。Firefoxで
は次のように表示されます。

HTML　　　　　　　　　　　　　　　　　　　　　　　　　　　　📄 Sec045_4

```
<ruby>忖度<rp>(</rp><rt>そんたく</rt><rp>, </rp><rtc><rt>sontaku</rt></
rtc><rp>)</rp></ruby>
```

▶ **実行結果（ブラウザ表示）**

sontaku
そんたく
忖度

なお、ルビ関連要素に全く対応していないブラウザでは、上のサンプルは\<rp\>によ
って次のように表示されます。

▶ **実行結果（未対応のブラウザ表示）**

忖度（そんたく, sontaku）

SECTION 046 HTML

日付や時刻を正確に示す <time>

<time>は、コンピュータが読み取ることのできるフォーマットの日付や時刻のデータを、その要素内容またはdatetime属性の値として提供するタグです。日時をあらわすフォーマットは決められたものが用意されています。

≫ 日時データのフォーマット

<time>は、コンピュータが自動的に読み取って処理できる形式の日付や時刻のデータを提供するためのタグです。日時データは、要素内容またはdatetime属性の値として提供できます。<time>で指定可能な日時データのフォーマットは次のとおりです。

種類	日時
年 - 月 - 日	2020-01-25
年 - 月	2020-01
月 - 日	01-25
年	2020
年 - 週	2020-W42
時刻	01:30 01:30:45
タイムゾーン・オフセット	+0900 +09:00
日付と時刻（タイムゾーンなし）	2020-01-25T01:30 2020-01-25T01:30:45 2020-01-25 01:30 2020-01-25 01:30:45
日付と時刻（タイムゾーンあり）	2020-01-25T01:30+0900 2020-01-25T01:30+09:00 2020-01-25 01:30+0900 2020-01-25 01:30+09:00

第1章　第2章　第3章　第4章　●文字を強調する、装飾する　第5章　第6章　第7章　第8章

≫ 日時データを要素内容で提供する

HTML **<time>機械可読な日時データ</time>**

datetime属性を指定せずに、機械可読な日時データを直接要素内容として書き入れることができます。この場合は、要素内容として許可されたフォーマット(左ページ参照)以外のテキストは書き込めません。

```
HTML                                                    □ Sec046_1
次回開催日:<time>2020-01-07</time>
```

▶ 実行結果(ブラウザ表示)

> 次回開催日:2020-01-07

≫ 日時データをdatetime属性で提供する

HTML **<time datetime="機械可読な日時データ">日時をあらわすテキスト</time>**

機械可読な日時データをdatetime属性の値として指定した場合は、要素内容には自由なテキストを書き込むことができます。

```
HTML                                                    □ Sec046_2
次の会議は<time datetime="2019-11-28T15:00+09:00">午後3時</time>からです。
```

▶ 実行結果(ブラウザ表示)

> 次の会議は午後3時からです。

SECTION 047 HTML

追加された部分、削除された部分を示す <ins> <del>

<ins>は編集の過程で追加された部分を示す要素です。それとは反対に、<del>は編集の過程で削除された部分をあらわします。datetime属性を指定して変更した日時を示すこともできます。

》 追加された部分

要素/プロパティ

HTML `<ins>追加された部分</ins>`

<ins>は、あとから追加した部分であることを示すタグです。段落やセクションを含む広い範囲を内容として入れることができます。<time>に指定可能なdatetime属性がそのまま指定でき、追加した日時がわかるようにすることもできます。

HTML　　　　　　　　　　　　　　　　　　　　　　　　　　　🗋 Sec047_1

```
<p>
無料開園日は今月20日<ins datetime="2020-01-15">と21日</ins>です。
</p>
```

▶ 実行結果（ブラウザ表示）

無料開園日は今月20日<u>と21日</u>です。

HTML **<del>削除された部分</del>**

<del>は、編集によって削除された部分であることを示すタグです。段落やセクションを含む広い範囲を内容として入れることができます。<ins>と同様にdatetime属性が指定できます。

HTML　　　　　　　　　　　　　　　　　　　　　　　　　　　□ Sec047_2

```
<h1>To Do リスト</h1>
<ul>
  <li><del>養生テープを購入する</del></li>
  <li><del>ハザードマップを確認する</del></li>
  <li>非常用持ち出しバッグの準備</li>
</ul>
```

▶ 実行結果（ブラウザ表示）

To Do リスト

- 養生テープを購入する
- ハザードマップを確認する
- 非常用持ち出しバッグの準備

SECTION
048
HTML

無効になった部分を示す
\<s\>

\<s\>は、元々は「strike-through text」の略で、テキストに取り消し線を付けて表示させるためのタグでした。現在では、時間の経過に伴って内容が事実と違ってしまった部分や、関係のない情報になってしまった部分をあらわすために使用されます。

》 現在は無効

要素/プロパティ

HTML **\<s\>無効になった部分\</s\>**

\<s\>は、正しい情報ではなくなってしまった部分や、関連性がなくなってしまった部分をあらわすタグです。
編集で削除した部分については、このタグではなく\<del\>を使用してください。

HTML   🗋 Sec048

```
<p>大特価:3つで <s>1,000</s> <strong>800円</strong>!!</p>
```

▶ 実行結果(ブラウザ表示)

大特価：3つで ~~1,000~~ **800円**!!

作品のタイトルを示す
`<cite>`

`<cite>`は、創作物のタイトルや作者の名前を示す際に使用する要素です。一般的な芸術作品だけでなく、テレビ番組やゲーム、Webページ、プログラム、ブログの記事、コメント、ツイートなどにおいても使用可能です。

≫ タイトル、作者名、URL

要素/プロパティ

HTML `<cite>`タイトル、作者名、URL`</cite>`

`<cite>`は、作品のタイトルや作者の名前、参照先のURLなどをあらわすタグです。`<cite>`で示すことのできる作品には、次のものが含まれます。

本、論文、エッセイ、詩、楽譜、曲、脚本、映画、テレビ番組、ゲーム、彫刻、絵画、舞台作品、芝居、オペラ、ミュージカル、展覧会、コンピュータープログラム、Webサイト、Webページ、ブログの記事、ブログのコメント、フォーラムの投稿、フォーラムのコメント、ツイート

HTML　　　　　　　　　　　　　　　　　　　　　　　　📄 Sec049

```
<p>『<cite>坊っちゃん</cite>』はまだ読んだことがありません。</p>
```

▶ 実行結果（ブラウザ表示）

『*坊っちゃん*』はまだ読んだことがありません。

第 1 章

第 2 章

第 3 章

● 文字を強調する、装飾する　第 4 章

第 5 章

第 6 章

第 7 章

第 8 章

短い引用文を掲載する
<q>

HTMLの引用文をあらわすタグは2種類あり、インラインで引用するのかブロックレベルで引用するのかによって使い分ける必要があります。ここでは、それらのうちのインラインで引用する際に使用するタグについて説明します。

第1章

第2章

第3章

第4章

●文字を強調する、装飾する

第5章

第6章

第7章

第8章

》 インラインの引用文

`要素/プロパティ`

HTML **<q>引用文</q>**

<q>は、<blockquote>と同じく引用文であることを示すタグです。<q>はインライン要素（フレージングコンテンツ）なので、引用文をインライン要素として扱いたい場合に使用します。cite属性を指定して、引用元のURL（アドレス）を示すこともできます。

<q>〜</q>で囲った範囲の前後には、ブラウザが自動的に引用符を挿入します。そのため、<q>を使うのであれば、コンテンツ内に引用符を含めないようにしてください。あえて<q>を使用せずに、コンテンツに引用符を入れても問題ありません。なお、引用符の種類はCSSで設定できます。

HTML ☐ Sec050

```
<p>
彼女は<q>国境の長いトンネルを抜けると雪国であった</q>ではじまる<cite>川端康成</cite>の小説を読んだことがあるらしい。
</p>
```

▶ 実行結果（ブラウザ表示）

彼女は「国境の長いトンネルを抜けると雪国であった」ではじまる
*川端康成*の小説を読んだことがあるらしい。

SECTION
051
HTML

長い引用文を掲載する
\<blockquote\>

HTMLの引用文をあらわすタグは2種類あり、インラインで引用するのかブロックレベルで引用するのかによって使い分ける必要があります。ここでは、それらのうちのブロックレベルで引用する際に使用するタグについて説明します。

≫ ブロックレベルの引用文

要素/プロパティ

> **HTML** **\<blockquote\>引用文\</blockquote\>**

\<blockquote\>は、\<q\>と同じく引用文であることを示すタグです。\<blockquote\>はブロックレベル要素なので、引用文をブロックレベル要素として扱いたい場合に使用します。cite属性を指定して、引用元のURL(アドレス)を示すこともできます。
この要素内に、出典などの引用文以外の情報を含める場合は、必ず\<footer\>または\<cite\>のタグで囲う必要があります。

HTML 　　　　　　　　　　　　　　　　　　　　　　　　 📄 Sec051

```
<blockquote>
<p>国境の長いトンネルを抜けると雪国であった。夜の底が白くなった。</p>
<footer>― <cite>川端康成</cite></footer>
</blockquote>
```

▶ 実行結果(ブラウザ表示)

> 国境の長いトンネルを抜けると雪国であった。夜の底が
> 白くなった。
>
> *― 川端康成*

プログラムのソースコードを示す
<code>

<code>は、一般的にはプログラムのソースコードを示す際に使用されます。しかし実際は、ソースコードに限らず、ファイル名や要素名など、コンピュータが認識可能な文字列に対して広く使用できます。

≫ ソースコード、ファイル名、要素名

要素/プロパティ

> **HTML** **<code>コンピュータが認識可能な文字列</code>**

<code>は、「コンピュータが認識可能な文字列」であることを示すタグです。様々な言語のソースコードのほか、ファイル名、要素名にも使用できます。

HTML　　　　　　　　　　　　　　　　　　　　　　　　　　□ Sec052

```
<p>HTML 文書で改行やインデントをそのまま表示させたい場合は <code>pre</code> 要素のタグで囲います。</p>
```

▶ 実行結果（ブラウザ表示）

> HTML文書で改行やインデントをそのまま表示させたい場合はpre要素のタグで囲います。

第1章

第2章

第3章

第4章 ● 文字を強調する、装飾する

第5章

第6章

第7章

第8章

ソースコード内の改行やスペースをそのまま表示する <pre>

HTML文書では、空白文字をいくつ連続で入れても1つの半角スペースに変換されて表示されます。そのように表示されては都合の悪い場合に、元の状態のまま表示させるためのタグが<pre>です。

≫ 整形済みテキスト

要素/プロパティ

HTML **<pre>整形済みテキスト</pre>**

<pre>は、空白文字（半角スペース、タブ、改行）で表示を整えてあるテキストを、そのまま表示させるタグです。改行やインデントによって見やすく整形されているソースコード、メールの内容、ASCIIアートなどを崩さず表示させたい場合に使用します。

ソースコードを表示する際は、<code>も併用して次のように指定できます。この場合、<pre>はブロックレベル要素、<code>はインライン要素なので、<pre>の中に<code>を入れます。

HTML　　　　　　　　　　　　　　　　　　　　　　　　🗋 Sec053

```
<pre><code>
h1 {
  font-size: 24px;
  text-align: center;
}</code></pre>
```

▶ 実行結果（ブラウザ表示）

```
h1 {
  font-size: 24px;
  text-align: center;
}
```

SECTION 054
HTML

文字を装飾するための範囲を指定する \<span>

\<span>は、1つのまとまりであることだけをあらわすインライン（フレージングコンテンツ）の要素です。同様のタグに、1つのまとまりであることだけをあらわすブロックレベルの要素の\<div>があります。

≫ その範囲にふさわしいタグがないときに使うインライン要素

要素/プロパティ

HTML **\<span>ほかにふさわしいタグがない範囲\</span>**

\<span>はインライン要素の範囲であること以外、特になにもあらわしません。
\<span>〜\</span>で囲った範囲がどのようなものであるかを示すには、用途に応じて、グローバル属性のclass属性、id属性、lang属性などを使い分けます。
このタグは、CSSで表示指定をしたいけれども、その範囲を示すべき適切なタグがないような場合に使用すると便利です。たとえば、次の例ではCSSのソースコード中のセレクタとプロパティ、値に色を付けて表示させる目的で\<span>を使用しています。

HTML　　　　　　　　　　　　　　　　　　　　　　　　□ Sec054

```
<pre><code>
<span class="selector">h1</span> {
  <span class="property">font-size</span>: <span class="value">24px</span>;
  <span class="property">color</span>: <span class="value">deepskyblue</span>;
  <span class="property">text-align</span>: <span class="value">center</span>;
}
<span class="selector">p</span> {
  <span class="property">font-size</span>: <span class="value">16px</span>;
  <span class="property">color</span>: <span class="value">gray</span>;
```

（左余白、縦書き）
第1章　第2章　第3章　**第4章**　第5章　第6章　第7章　第8章

● 文字を強調する、装飾する

```
  <span class="property">line-height</span>: <span class="value">32px</span>;
}</code></pre>
```

▢ Sec054

CSS

```css
.selector { color: blue; }
.property { color: green; }
.value    { color: orange; }
```

▶ 実行結果（ブラウザ表示）

```
h1 {
  font-size: 24px;
  color: deepskyblue;
  text-align: center;
}
p {
  font-size: 16px;
  color: gray;
  line-height: 32px;
}
```

CSSで色を指定する

CSSでは、色を指定するための様々な方法が用意されています。もっとも多く使用されているのはRGB値を16進数で示す方法ですが、日本人でもわかる簡単な英語の色の名前も、ほぼそのままキーワードとして使用できます。

第1章

第2章

第3章

第4章

第5章

第6章

第7章

第8章

●文字を強調する、装飾する

≫ CSSで指定可能な色の値

パソコンやスマートフォンの画面は、赤(Red)、緑(Green)、青(Blue) の三つの色（RGB）を明るさを変えて混ぜ合わせることで、様々な色を表現しています。そのため、CSSでもRGBそれぞれの色の明るさを数値で示すことによって色が指定できます。その際、同じRGBの値でも10進数や16進数で指定したり、透明度も加えて指定するなど複数の指定方法が用意されています。

そのほか、あらかじめ決められている色の名前(キーワード) で指定することができます。色の名前は英語で付けられていますが、white, black, red, green, blueなどの基本的な色の名前は、ほぼそのまま使用できます。

CSSでは、これ以外にもRGBより直感的に指定可能な色相(Hue)、彩度(Saturation)、明度(Lightness) で指定する方法(HSL) も用意されています。

≫ 16進数（6桁または3桁の数値）

要素/プロパティ

> `CSS` #○○○○○○
>
> `CSS` #○○○

CSSで色を指定するもっとも一般的な方法は、RGB値を6桁の16進数で指定する方法です。先頭に「#」記号を書き、それに続けてRGB値をそれぞれ2桁ずつの16進数であらわします。たとえば、黄色であればR=ff、G=ff、B=00なので「#ffff00」と記述します。このような16進数は自分で10進数から変換する必要はなく、多くのグラフィック関連のアプリケーションでは、#○○○○○○形式の値がそのまま表示されてわかるようになっています。

RGB値をそれぞれ1桁ずつにして、計3桁で示す方法も用意されています。この場合は、それぞれが2桁にならない小さな数値しか使用できないのではなく、RGB値のそれぞれの数値が2個ずつ繰り返された計6桁に変換された色になります。たとえば、「#18f」であれば「#1188ff」の色で表示されるということです。そのため、3桁であらわせるのは、RGBそれぞれの1桁目と2桁目が同じ色のみとなります。

≫ キーワード（色の名前）

| 要素/プロパティ |

| CSS | 英語の色の名前

CSSでは色の名前がキーワードとして定義されており、それぞれの色の値も決められています。実際には100以上の色名が定義されていますが、その中でも基本となる16色のキーワードと色の値は次のとおりです。

色	キーワード	16進数での値		色	キーワード	16進数での値
	white	#ffffff			fuchsia	#ff00ff
	silver	#c0c0c0			lime	#00ff00
	gray	#808080			aqua	#00ffff
	black	#000000			purple	#800080
	red	#ff0000			teal	#008080
	green	#008000			navy	#000080
	blue	#0000ff			olive	#808000
	yellow	#ffff00			maroon	#800000

≫ rgb(), rgba()（RGB値）

| 要素/プロパティ |

| CSS | **rgb(○, ○, ○)**

| CSS | **rgba(○, ○, ○, ○)**

CSSでは rgb( ) という関数形式の書式も用意されており、これを使用することでRGB値を10進数のままで指定できます。数値は、( )内にRGBの順でカンマで区切って記入します。たとえば、黄色であればR=255、G=255、B=0なので

「rgb(255,255,0)」と記述します。また、rgb( ) を使用した場合は、RGB値をパーセンテージで指定することもできます。この場合は数値の直後に％を付けます。たとえば、黄色であれば「rgb(100%,100%,0%)」と指定します。

rgb( ) に加えて透明度（Alpha）も指定できるようにしたのが、rgba( ) という書式です。透明度は4つめの数値としてカンマで区切って記入します。完全に透明なら0、半透明なら0.5、完全に不透明なら1のように、0～1の範囲の数値が指定できます。たとえば、半透明の黄色であれば「rgb(255,255,0,0.5)」となります。

» hsl(), hsla()（色相、彩度、明度）

要素/プロパティ

CSS hsl(○, ○%, ○%)

CSS hsla(○, ○%, ○%, ○)

色をRGBではなく色相（Hue）、彩度（Saturation）、明度（Lightness）であらわす関数形式の書式が hsl( ) です。色相は次のような色相環における角度で指定します。単位は必要ありません。

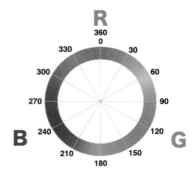

彩度と明度に関しては、単位％を付けて0～100のパーセンテージで指定します。たとえば、hsl( ) で黄色をあらわすのであれば「hsl(60,100%,50%)」と記述します。hsl( ) に加えて透明度（Alpha）も指定できるようにしたのが hsla( ) です。透明度はカンマで区切った4つ目の数値に記述します。rgba( ) のときと同じで、完全に透明なら0、半透明なら0.5、完全に不透明なら1と、0～1の範囲の数値が指定できます。たとえば、半透明の黄色であれば「hsl(60,100%,50%,0.5)」となります。

第1章

第2章

第3章

第4章 ●文字を強調する、装飾する

第5章

第6章

第7章

第8章

文字の色を設定する
color

文字色を設定するには、colorプロパティを使用します。値として、任意の書式の色を指定するだけで、文字色が切り替わります。ここで設定した色は、要素に境界線を表示させたときのデフォルトの色としても使用されます。

》 文字色を設定

要素/プロパティ

CSS **color: 色;**

colorプロパティは文字の色を設定するプロパティです。このプロパティはどの要素にも指定できます。なお、body要素に文字色を設定することで、ページ全体の文字色を設定できます。

HTML　　　　　　　　　　　　　　　　　　　　　　　□ Sec056

```html
<body>
<h1>文字の色を設定</h1>
<p>CSSで文字色を指定するには、colorプロパティを使用します。値にはCSSで定義されている色の値が指定できます</p>
</body>
```

CSS　　　　　　　　　　　　　　　　　　　　　　　□ Sec056

```css
body { color: #1e90ff; }
```

▶ 実行結果(ブラウザ表示)

文字の色を設定

CSSで文字色を指定するには、colorプロパティを使用します。値にはCSSで定義されている色の値が指定できます

フォントってなに?

「MS P ゴシック」「MS P 明朝」「ヒラギノ角ゴシック」「ヒラギノ明朝」「Times New Roman」「Helvetica」といった、文字を表示させるときの書体の種類のことをフォントと言います。

》 フォントとは書体のこと

パソコンやスマートフォンなどで使う文字の形状には、ゴシック体や明朝体、手書き風やポップなものなど様々なものがあります。たとえばパソコンの場合、OSがWindowsであれば「メイリオ」「MS P ゴシック」「MS P 明朝」などが使用でき、Macであれば「ヒラギノ角ゴシック」「ヒラギノ明朝」「Osaka」などの書体が使用できます。このような形状の異なる書体それぞれのことをフォントと言います。

かつてはWindowsとMacでは異なる日本語フォントしか搭載されていませんでしたが、現在では共通して「游ゴシック体」「游明朝体」がインストールされています。英語のフォントについては、以前から多くの共通する種類が利用可能となっています。以下は、WindowsとMacに搭載されているフォントの一例です。

Windows

メイリオ
MS P明朝
HGP 創英角ポップ体
有澤太楷書P

Mac

Osaka-等幅
筑紫A丸ゴシック
ヒラギノ角ゴシック
凸版文久見出し明朝

SECTION 058 Article

Windows、Macの標準フォントと おすすめフォント

パソコンにインストールされているフォントはユーザーの環境ごとに違っています。しかし比較的新しいバージョンのWindowsやMacであれば、「游ゴシック」「游明朝」という両方のOSに標準インストールされている、読みやすくて美しいフォントが利用できます。

» WindowsとMacの標準フォント

標準搭載されているフォントはOSのバージョンによって異なりますが、ある程度新しいバージョンであれば、次のようなフォントが最初から使用できます。
Windowsでは、MSゴシックやMS明朝のほか、メイリオ、游ゴシック、游明朝、UDデジタル教科書体などが標準インストールされています。
Macでは、OsakaやOsaka-等幅のほか、ヒラギノ角ゴシック、ヒラギノ明朝、ヒラギノ丸ゴ、游ゴシック体、游明朝体などが標準インストールされています。

» WindowsとMacのおすすめフォント

Windowsなら「メイリオ」、Macであれば「ヒラギノ角ゴシック」も使いやすいフォントですが、やはりおすすめなのは、両方の環境で同じフォントが表示できる「游ゴシック」と「游明朝」です。ただし、同じ「游ゴシック」と「游明朝」であっても、WindowsとMacでは太さの異なる種類のものも含まれています。指定するときにMedium（ミディアム）を使用すると、同じ太さで表示されます。次の3種類の游ゴシックは、Windowsにインストールされているものの例です。

游ゴシック

游ゴシック Light

游ゴシック Medium

フォントの種類を指定する font-family

font-familyプロパティを使用すると、要素内容のテキストをどのフォントで表示させるのかを設定できます。フォント名は複数の候補を指定しておくことができるだけでなく、おおまかな種類を示すキーワードも指定できます。

》 優先して表示させたいフォント名から指定

要素/プロパティ

> **CSS** font-family: "フォント名1", "フォント名2", … , 一般名;

font-familyプロパティは、どのフォントで表示させるのかを設定するプロパティです。フォント名をカンマで区切って複数指定しておくと、利用可能なフォントの中でより先に指定されているフォントが採用されます。

フォント名は、すべてアルファベットだけで構成されている場合など、CSSの識別子として認識可能な文字で構成されているときはそのまま指定できます。しかし、先頭が特定の記号や数字ではじまっているような場合は、文字をエスケープする(¥記号を付ける) 必要があります。

フォント名は引用符で括り、文字列として指定することもできます。その場合はエスケープ等の処理は不要なので、フォント名に半角スペースや数字、ハイフン以外の記号を含む場合は、常に引用符で括るようにしておくと安全です。

指定したすべてのフォントが利用できない環境への備えとして、フォント名には次のような「一般名(generic family name)」を指定することができます。一般名は、具体的なフォント名ではなく、「ゴシック系」「明朝系」といったようにおおまかな種類を示すキーワードです。

一般名	フォントの系統
sans-serif	ゴシック系
serif	明朝系
cursive	草書体系、筆記体系
fantasy	ポップ系
monospace	等幅系

●文字を強調する、装飾する

font-familyプロパティを使用する場合は、値として指定するフォント名の最後に一般名を指定しておくことが推奨されています。なお、一般名はキーワードのため引用符では括りません。引用符を付けるとキーワードではなく文字列として認識され、指定が無効となってしまいます。

Sec059

HTML

```
<h1>フォントの種類を指定する</h1>
<p>CSSでフォントの種類を指定するには、font-familyプロパティを使用します。
</p>
```

Sec059

CSS

```
h1 {
  font-family: serif;
}
p {
  font-family: "游ゴシック Medium", "游ゴシック体", sans-serif;
}
```

▶ 実行結果（ブラウザ表示）

フォントの種類を指定する

CSSでフォントの種類を指定するには、font-familyプロパティを使用します。

文字の大きさを指定する
font-size

font-sizeプロパティは、その名のとおりフォントサイズを設定するプロパティです。値には単位付きの数値のほか、smallやmedium、largeといったおおまかなサイズを指定するキーワードも指定できます。

》 フォントサイズを指定

要素/プロパティ

CSS **font-size: 文字の大きさ;**

font-sizeプロパティは、フォントサイズを設定するプロパティです。値は数値に単位を付けて指定できるほか、9種類のキーワードで指定することもできます。指定できるのは次の値です。

単位付きの数値	数値に長さをあらわす単位を付けて指定
パーセンテージ	数値に％を付けて指定（親要素のフォントサイズに対するパーセンテージ）
xx-small, x-small, small, medium, large, x-large, xx-large	フォントサイズをあらわす7つのキーワードで指定。xx-small がもっとも小さいサイズで、xx-large がもっとも大きいサイズ。中間の medium は標準サイズ
larger, smaller	親要素のフォントサイズより一段階大きく表示（larger）、小さく表示（smaller）

HTML　　　　　　　　　　　　　　　　　　　　　　　　　　　　　　　□ Sec060

```
<h1>文字の大きさを指定する</h1>
<p id="A">これは段落Aです。</p>
<p id="B">これは段落Bです。</p>
<p id="C">これは段落Cです。</p>
<p id="D">これは段落Dです。</p>
<p id="E">これは段落Eです。</p>
<p id="F">これは段落Fです。</p>
```

第1章

第2章

第3章

第4章

●文字を強調する、装飾する

第5章

第6章

第7章

第8章

```
h1 { font-size: 24px; }
#A { font-size: 80%; }
#B { font-size: x-small; }
#C { font-size: small; }
#D { font-size: medium; }
#E { font-size: smaller; }
#F { font-size: larger; }
```

▶ 実行結果(ブラウザ表示)

文字の大きさを指定する

これは段落Aです。

これは段落Bです。

これは段落Cです。

これは段落Dです。

これは段落Eです。

これは段落Fです。

SECTION
061
CSS

文字の太さを指定する
font-weight

font-weightプロパティは文字の太さを設定するプロパティです。値にboldというキーワードを指定して太字にできるほか、100から900の数値を指定することで9段階の太さに変更可能となっています。

≫ 文字の太さを指定

要素/プロパティ

CSS font-weight: 文字の太さ;

font-weightプロパティは、指定された値に応じて太さの異なるフォントに切り替えます。太さの異なるフォントがない場合でも、値にboldを指定することで太字で表示させることができます。指定できるのは次の値です。

normal	標準の太さにする。400 と同じ
bold	太字にする。700 と同じ
100, 200, 300, 400, 500, 600, 700, 800, 900	太さをあらわす 9 段階の数字で指定。100 がもっとも細く、900 がもっとも太い。400 が標準の太さ
bolder, lighter	継承した太さより太くする (bolder)、細くする (lighter)
fantasy	ポップ系
monospace	等幅系
justify-all	両端に均等に揃える (最終行も含める)
match-parent	親要素の値を継承して決定される

HTML 　Sec061

```
<h1>文字の太さを指定する</h1>
<p>これは太字にした段落です。</p>
```

CSS 　Sec061

```
h1 { font-weight: normal; }
p  { font-weight: bold; }
```

▶ **実行結果(ブラウザ表示)**

文字の太さを指定する

これは太字にした段落です。

文字のスタイルを指定する
font-style

文字を斜体（イタリック）で表示させるには、font-styleプロパティを使用します。斜体で表示されているテキストを標準状態に戻すこともできます。font-styleという名称から様々なスタイルに変更できそうに思えますが、斜体以外のスタイルは変更できません。

≫ 文字のイタリック（斜体）／標準状態を設定

要素/プロパティ

CSS **font-style: キーワード;**

font-styleプロパティは、同じフォントでイタリックまたは斜体としてデザインされているものがあれば、それに切り替えるプロパティです。そのようなデザインのフォントがない場合は、標準のフォントを斜めにして表示します。また、初期状態で斜体で表示されている要素を標準状態に戻す際にも使われます。

normal	斜体ではない標準の状態にする
italic	イタリック用にデザインされたフォントに切り替える。なければ oblique にする
oblique	斜体用にデザインされたフォントに切り替える。なければ斜めに変換して表示

HTML　📄 Sec062
```
<h1>イタリック（斜体）の見出し</h1>
<p>イタリック（斜体）の段落です。</p>
```

CSS　📄 Sec062
```
h1, p { font-style: italic; }
```

▶ 実行結果（ブラウザ表示）

イタリック（斜体）の見出し

イタリック（斜体）の段落です。

SECTION
063
CSS

文字の設定をまとめる
font

fontプロパティは、ここまでに説明してきたフォント関連のプロパティとline-heightプロパティの値をまとめて指定できるプロパティです。値は基本的には半角スペースで区切って指定しますが、line-heightの値を指定する場合はスラッシュで区切る必要があります。

第1章

第2章

第3章

第4章

●文字を強調する、装飾する

第5章

第6章

第7章

第8章

≫ フォント関連プロパティの値をまとめて指定

要素/プロパティ

CSS **font: 太さ 斜体 サイズ/行の高さ フォントの種類;**

fontプロパティでは、font-family, font-size, font-weight, font-style, line-heightの各プロパティの値を半角スペースで区切って指定できます。ただし、指定順序には決まりがあり、line-heightの値を指定する場合は、その前を半角スペースではなくスラッシュで区切る必要があります。また、指定が必須の値と、省略できる値とがあるので注意してください。
fontプロパティを指定する際のルールは次のとおりです。

❶はじめにfont-weightとfont-styleの値を順不同で半角スペースで区切って指定します。これらの値を省略した場合、値は初期値のnormalになります。
❷続けて半角スペースで区切ってfont-sizeの値を指定します。この値は省略できません。
❸line-heightの値を指定する場合は、font-sizeの値との間をスラッシュ(/) で区切ってください。line-heightの値を指定しなかった場合、この値は初期値のnormalになります。
❹続けて半角スペースで区切ってfont-familyの値を指定します。この値は省略できません。

```html
<h1>文字の設定をまとめる</h1>
<p>
fontプロパティには、ここまでに説明してきたフォント関連のプロパティとline-height
プロパティの値を、半角スペースで区切ってまとめて指定できます。
</p>
```

```css
h1 { font: bold 32px serif; }
p  { font: 18px/1.8 "游ゴシック Medium", "游ゴシック体", sans-serif; }
```

▶ 実行結果（ブラウザ表示）

文字の設定をまとめる

fontプロパティには、ここまでに説明してきたフォント関
連のプロパティとline-heightプロパティの値を、半角スペ
ースで区切ってまとめて指定できます。

第1章

第2章

第3章

第4章

●文字を強調する、装飾する

第5章

第6章

第7章

第8章

127

SECTION

064

CSS

文字に線を引く
text-decoration-line

text-decoration-lineプロパティは、下線や上線、取り消し線を表示させる際に使用するプロパティです。かつてはこのような指定はtext-decorationプロパティで行っていましたが、現在のtext-decorationプロパティでは線の種類や色も指定できるようになっています。

第1章
第2章
第3章
第4章
第5章
第6章
第7章
第8章

●文字を強調する、装飾する

》 テキストに表示させる線の位置を指定

要素/プロパティ

CSS text-decoration-line: 線の位置;

このプロパティは、一般的には下線を表示させたり消したりする際に使用します。none を指定すると、このプロパティで指定可能な線はすべて消えます。それ以外の値は、半角スペースで区切って複数指定することも可能です。次の値が指定できます。

none	テキストの線を消す
underline	下線を表示させる
overline	上線を表示させる
line-through	取り消し線を表示させる

HTML　　　　　　　　　　　　　　　　　　　　□ Sec064

```html
<h1>文字に線を引く</h1>
```

CSS　　　　　　　　　　　　　　　　　　　　□ Sec064

```css
h1 { text-decoration-line: underline; }
```

▶ 実行結果(ブラウザ表示)

文字に線を引く

文字に対する線の設定をまとめる
text-decoration

かつてtext-decorationプロパティは下線などを表示させるためのプロパティでしたが、CSS3からは仕様変更が行われ、線種や線の色などもまとめて指定できるプロパティになりました。

» テキストの線関連プロパティの値をまとめて指定

要素/プロパティ

CSS text-decoration: 線の位置 線の種類 線の色;

このプロパティでは、text-decoration-line，text-decoration-color，text-decoration-styleの各プロパティの値を、半角スペースで区切って順不同で指定できます。text-decoration-colorは線の色を指定するプロパティで、text-decoration-styleは線の種類を指定するプロパティです。

text-decoration-styleプロパティに指定できる値は次のとおりです。指定を省略した値については、初期値にリセットされる点に注意してください。

solid	実線
double	2重線
dotted	点線
dashed	破線
wavy	波線

HTML　　　　　　　　　　　　　　　　　　　　　　　🗋 Sec065

```
<h1>文字に対する線の設定をまとめる</h1>
```

CSS　　　　　　　　　　　　　　　　　　　　　　　🗋 Sec065

```
h1 { text-decoration: line-through red double; }
```

▶ 実行結果(ブラウザ表示)

文字に対する線の設定をまとめる

SECTION 066 CSS

アルファベット表記を大文字や小文字に統一する text-transform

半角のアルファベットで入力されているコンテンツをすべて大文字で表示させたり、逆にすべて小文字で表示させるには、text-transformプロパティを使用します。元のコンテンツを書き換える必要はありません。

≫ すべて大文字にするか小文字にするかを指定

要素/プロパティ

CSS **text-transform: キーワード;**

text-transformプロパティでは、アルファベットの文字を表示させる際に大文字にするか小文字にするかなどを設定できます。値には次のキーワードが指定できます。

none	そのまま表示させる
uppercase	すべて大文字で表示させる
lowercase	すべて小文字で表示させる
capitalize	各単語の先頭の文字だけを大文字にして表示させる

HTML 　　　　　　　　　　　　　　　　　　　　　　Sec066

```
<h1>Transforming Text</h1>
<p>This property transforms text for styling purposes.</p>
```

CSS 　　　　　　　　　　　　　　　　　　　　　　Sec066

```
h1 { text-transform: uppercase; }
p  { text-transform: lowercase; }
```

▶ 実行結果（ブラウザ表示）

TRANSFORMING TEXT

this property transforms text for styling purposes.

表示がはみ出る文字を省略する
text-overflow: ellipsis;

CSSの様々な設定や閲覧環境の状態などによって、テキストがボックス内に収まりきらなくなることがあります。そんなときに自動的に末尾に「…」を表示できるのがtext-overflowプロパティです。

》 表示しきれないときは「…」を表示させる

要素/プロパティ

CSS **text-overflow: ellipsis;**

CSSを使用すると「white-space: nowrap;」でテキストを折り返さないようにしたり、「overflow: hidden;」ではみ出した部分は表示しないように設定できますが、状況によってはテキストの一部が表示されなくなる可能性があります。text-overflowプロパティで値にellipsisを指定すると、テキストの末尾が表示されなくなった場合に自動的に「…」を表示させることができます。

HTML   🗋 Sec067

```html
<p>text-overflowプロパティを使用すると、テキストが入りきらなくなった場合に最後に「...」を表示させて、それ以降にもテキストがあるとわかるようにできます。</p>
```

CSS   🗋 Sec067

```css
p {
  white-space: nowrap;
  overflow: hidden;
  text-overflow: ellipsis;
}
```

▶ 実行結果（ブラウザ表示）

> text-overflowプロパティを使用すると、テキストが入りきらな…

疑似要素ってなに?

要素ではない部分（タグで囲われていない範囲）を適用先として指定するためのセレクタを擬似要素と言います。擬似要素は、結合子も含めたセレクタ全体の最後尾に、1つだけ配置できます。

≫ 疑似要素とは

疑似要素は「HTMLの要素ではない部分」、つまり特にタグで囲われていない範囲をCSSの適用先とするためのセレクタで、次の4種類があります。

擬似要素	適用先
::first-letter	ブロックレベル要素の先頭の1文字のみ
::first-line	ブロックレベル要素の最初の1行のみ
::before	要素内容の先頭にコンテンツを挿入する
::after	要素内容の末尾にコンテンツを挿入する

ちなみに、CSSのセレクタには「擬似クラス」というものもあります（詳しくは第5章で解説しています）。擬似クラスは、適用先は要素だけれども、適用されるかどうかはその要素の「状態」によって決まる、というセレクタです。

≫ 疑似要素の書き方

要素/プロパティ

CSS ::first-letter

CSS ::first-line

CSS ::before

CSS ::after

疑似要素はセレクタの中でも特殊なセレクタで、ほかのセレクタと組み合わせて使用する際にも注意が必要です。疑似要素は、結合子も含めたセレクタ全体の最後尾に1つだけしか配置できません。結合子以外のセレクタと組み合わせる場合は、間に空白文字などを入れず、必ず最後尾に記述します。

```
p::first-letter { ・・・ }
body#about main div.inner p#top::first-line { ・・・ }
```

現在のCSSの書式では、擬似要素は「::○○○」のようにコロンを2つ付けて書くのに対し、擬似クラスには「:○○○」のようにコロンを1つしか付けません。これは擬似要素と擬似クラスを明確に区別できるようにCSS3で仕様変更されたためで、それ以前は擬似要素も擬似クラスも、「:○○○」のようにコロンを1つしか付けない書式でした。

そのため、古いCSSのソースコードを見ると擬似要素が「:○○○」のようにコロン1つで書かれている場合がありますが、ブラウザは今後も古い書式をサポートすることになっていますので表示に影響がでることはありません。

≫ ::before と ::after の使い方

疑似要素の「::before」および「::after」は、基本的にはCSSのcontentプロパティと組み合わせて使用します。contentプロパティは、その値で指定したコンテンツを要素内容として挿入するプロパティで、先頭に挿入するのであれば「::before」、末尾に挿入するのであれば「::after」を使用します。

contentプロパティには、主に次のような値が指定できます。

" 文字列 "	文字列を挿入する
url（アドレス）	指定されたアドレスの画像などを挿入する
attr(属性名)	その属性が指定されていれば属性値を挿入する

HTML   📄 Sec068

```
<h1>疑似要素とは</h1>
<p>
要素ではない部分を適用先として指定するためのセレクタを<a href="https://www.
w3.org">擬似要素</a>と言います。擬似要素は、結合子も含めたセレクタ全体の最後尾
に1つだけ配置できます。
</p>
```

第1章
第2章
第3章
● 文字を強調する、装飾する 第4章
第5章
第6章
第7章
第8章

Sec068

```css
h1::before {
  content: url(light.png);
  vertical-align: middle;
}
p::before {
  content: "【POINT!】";
  color: yellowgreen;
  font-weight: bold;
}
a {
  color: yellowgreen;
}
a::after {
  content: "(" attr(href) ")";
}
```

▶ 実行結果（ブラウザ表示）

疑似要素とは

【POINT!】 要素ではない部分を適用先として指定するためのセレクタを擬似要素（https://www.w3.org）と言います。擬似要素は、結合子も含めたセレクタ全体の最後尾に1つだけ配置できます。

● 文字を強調する、装飾する

第1章
第2章
第3章
第4章
第5章
第6章
第7章
第8章

134

段落の最初の1文字目にスタイルを設定する ::first-letter

擬似要素の::first-letterを使用すると、先頭の1文字だけにスタイルを適用できます。このように、要素ではない範囲（タグを付けていない範囲）を適用対象とするセレクタを、擬似要素と呼びます。

≫ 最初の1文字だけにスタイルを適用

要素/プロパティ

CSS セレクタ::first-letter { … }

::first-letterは、指定したブロックレベル要素のコンテンツの最初の1文字目だけにスタイルを適用させるセレクタです。なお、このセレクタは擬似要素なので、セレクタ全体の最後尾に1つだけしか配置できません。

HTML　　　　　　　　　　　　　　　　　　　　　　　　　　　　　　□ Sec069

```
<p>擬似要素とは、要素ではない範囲（タグを付けていない範囲）を適用対象とするセレクタのことです。ブロックレベル要素のコンテンツの最初の1文字目だけにスタイルを適用したり、最初の1行目だけにスタイルを適用させることなどができます。</p>
```

CSS　　　　　　　　　　　　　　　　　　　　　　　　　　　　　　□ Sec069

```css
p::first-letter {
  color: #1E90FF;
  font: bold 3em serif;
}
```

▶ 実行結果（ブラウザ表示）

擬似要素とは、要素ではない範囲（タグを付けていない範囲）を適用対象とするセレクタのことです。ブロックレベル要素のコンテンツの最初の1文字目だけにスタイルを適用したり、最初の1行目だけにスタイルを適用させることなどができます。

第 1 章

第 2 章

第 3 章

● 文字を強調する、装飾する　第 **4** 章

第 5 章

第 6 章

第 7 章

第 8 章

段落の最初の1行目にスタイルを設定する ::first-line

擬似要素の::first-lineを使用すると、最初の1行だけにスタイルを適用できます。このように要素ではない範囲（タグを付けていない範囲）を適用対象とするセレクタは擬似要素と呼ばれています。

》 最初の1行だけにスタイルを適用

要素/プロパティ

CSS セレクタ::first-line { … }

::first-line は、指定したブロックレベル要素のコンテンツの、最初の1行目だけにスタイルを適用させるセレクタです。なお、このセレクタは擬似要素なので、セレクタ全体の最後尾に1つだけしか配置できません。

HTML　　　　　　　　　　　　　　　　　　　　　　　　　　　　　　□ Sec070

```html
<p>擬似要素とは、要素ではない範囲（タグを付けていない範囲）を適用対象とするセレクタのことです。ブロックレベル要素のコンテンツの最初の1文字目だけにスタイルを適用したり、最初の1行目だけにスタイルを適用させることなどができます。</p>
```

CSS　　　　　　　　　　　　　　　　　　　　　　　　　　　　　　□ Sec070

```css
p::first-line { color: #4169E1;}
```

▶ 実行結果（ブラウザ表示）

擬似要素とは、要素ではない範囲（タグを付けていない範囲）を適用対象とするセレクタのことです。ブロックレベル要素のコンテンツの最初の1文字目だけにスタイルを適用したり、最初の1行目だけにスタイルを適用させることなどができます。

第 **5** 章

リンクを設定する

リンクってなに？

リンクは英語で「結び付ける」という意味です。Webページ内のある部分を出発点として、そこから別の部分、別のファイル、別のファイルの特定の部分へと結び付け、瞬時に移動できるようにした機能がHTMLのリンクです。

ハイパーテキストとリンク

HTMLは、HyperText Markup Language の略称です。「HyperText(ハイパーテキスト)」というのは、まだそれが実現できていなかった時代にアメリカの論文に書かれていた専門用語で、「リンク機能のある文章」というような意味です。
HyperTextは、HTMLとブラウザによって具現化され、実用的なものとなりました。Webページ内にある、多くの場合青い文字で下線が引かれている部分をクリックすると違う場所に移動しますが、その現在では当たり前になっている機能がリンクです。

\<link>と\<a>

HTMLには\<link>というタグがあります。一見、HTMLのリンク機能を示すタグに見えますが、これはそのために使うタグではありません。Webページ内のある部分から別の場所やファイルに移動できるようにするためには、\<a>というタグを使用します。

```
┌─ <html>
│  ┌─ <head>
│  │     <link> ──────→ 主にhead要素内で使用（関連ファイルを示す）
│  └─ </head>
│  ┌─ <body>
│  │     <a>～</a> ──→ body要素内でのみ使用（リンク機能）
│  └─ </body>
└─ </html>
```

<link>は主に<head>～</head>の範囲内で使用するタグで、現在のHTML文書と関連する様々なファイルを結び付け、その用途や場所を示すために使用されます。たとえば、HTML文書に適用する別個のCSSファイルを指定する場合などに使われます。<link>はユーザーが直接使用するタグではなく、その指定内容がユーザーの目に触れることも基本的にはありません。

<a>は<body>～</body>の範囲内でのみ使用するタグで、要素名の「a」は「anchor（アンカー）」を略したものです。anchorには「いかりをおろしてその場所に船を固定する」といった意味があることから、その場所を「リンクのポイントとして定める」「リンクの出発点（リンク元）や到達点（リンク先）として定める」という意味合いで使われています。

第1章

第2章

第3章

第4章

●リンクを設定する 第5章

第6章

第7章

第8章

» リンクの出発点と到達点

リンクの到達点がHTML文書内の要素である場合、HTMLの初期のバージョンでは、出発点も到達点も<a>を使ってその場所を示していました。具体的には、到達点にa要素のname属性で名前を付けておき、その名前を出発点のa要素のhref属性（「href」は「hypertext reference」の意味）で指定していました。

現在のHTMLでは、a要素のname属性は廃止され、到達点の要素の名前はid属性で示します。id属性は、要素に固有の名前を付ける属性です。id属性はグローバル属性で、どの要素にも指定可能なため、どの要素でも到達点となることができます。

	出発点	到達点（要素の場合）
初期のHTML	<a href="#到達点の名前">~</a>	➡ <a name="到達点の名前">~</a>
現在のHTML	<a href="#到達点の名前">~</a>	➡ <○○○ id="到達点の名前">~</○○○>

なお、到達点が要素ではなくファイルの場合は、href属性にファイルのアドレス（絶対パスまたは相対パス）を指定します。

別のページへリンクする
<a href>

ほかのページへのリンクを作成するには、リンクにしたいテキストを\<a\> ～ \</a\>で囲い、a
要素のhref属性の値として別ページのアドレスを指定します。アドレスは相対パスでも絶対
パスでもかまいません。

》 リンクの出発点

要素/プロパティ

> **HTML** **<a href="リンク先のアドレス">リンクさせるテキスト</a>**

テキストをリンクにするには、そのテキストを\<a\>～\</a\>で囲み、リンク先のアドレ
ス（到達点）をhref属性の値として指定します。一般的なブラウザではこれだけでそ
の部分のテキストが自動的に青色になり、下線が表示されてリンクになります。リン
クの文字色や下線の有無は、CSSで自由に変更可能です。次の例では、リンク先の
アドレスを相対パスで指定しています。

HTML　　　　　　　　　　　　　　　　　　　　　　　　🗋 Sec072_1

```
<p>
<a href="magazine/new/index.html">雑誌の新刊一覧</a>も見られます。
</p>
```

▶ 実行結果（ブラウザ表示）

> 雑誌の新刊一覧も見られます。

次の例では、リンク先のアドレスを絶対パスで指定しています。

HTML　　　　　　　　　　　　　　　　　　　　　　　　🗋 Sec072_2

```
<p>
迷ったら<a href="https://gihyo.jp/book/">技術評論社</a>の本を買うことにして
いる。
</p>
```

> 迷ったら<u>技術評論社</u>の本を買うことにしている。

≫ <a>〜</a>の中に入れられる要素

HTML5では、<a>〜</a>で囲っていない状態で、正しい位置にある要素であれば、どの要素でもリンクにできます。<h1>や<p>、<div>など、昔のHTMLでは<a>〜</a>の中に入れられなかった要素も、全体を囲ってリンクにすることが可能です。
ただし、インタラクティブコンテンツ(フォーム関連のテキスト入力欄やメニュー、ボタンなどの要素)とa要素だけは例外で、<a>〜</a>の範囲内には配置できません。

HTML `Sec072_3`

```html
<aside>
  <h2>広告</h2>
  <a href="https://ad.example.com/?adid=1234">
  <section>
    <h3>サングラスが安い!</h3>
    <p>本日のみ半額でご提供!!!</p>
    <p>ファビュラスシリーズ大好評</p>
  </section>
  </a>
</aside>
```

▶ 実行結果(ブラウザ表示)

広告

サングラスが安い!

<u>本日のみ半額でご提供!!!</u>

<u>ファビュラスシリーズ大好評</u>

同じページの違う要素にリンクを設定する \<a\> id

任意の要素にid属性を指定して固有の名前を付けておくことで、その要素を到達点とするリンクが指定できるようになります。要素にリンクするには、同じページなら「#名前」、別のページなら「パス#名前」のように、href属性に指定します。

》 固有の名前を付けた要素へのリンク

要素/プロパティ

HTML **\<○○○ id="固有の名前"\> … \</○○○\>**

HTML **\<a href="#固有の名前"\>リンクさせるテキスト\</a\>**

HTML **\<a href="リンク先のアドレス#固有の名前"\>リンクさせるテキスト\</a\>**

「ページ」ではなく「要素」をリンクの到達点にするには、id属性を使用してその要素に固有の名前を付けておく必要があります。その上で、同じページ内の要素にリンクするには「href="#固有の名前"」、別ページの要素であれば「href="パス#固有の名前"」のようにa要素のhref属性を指定します。

次の例では、ページ下部にある「page top」と書かれたリンクをクリックすると、ページ上部のh1要素が見えるところまで自動的にスクロールします。

HTML　　　　　　　　　　　　　　　　　　　　　　　　　🗋 Sec073

```
<h1 id="top">同じページ内でのリンク</h1>
<p>
<a href="#top">page top</a>
</p>
```

▶ **実行結果（ブラウザ表示）**

page top　　　➡ **同じページ内でのリンク**

SECTION
074
HTML

文字以外の要素にリンクを
設定する <a> <img>

a要素でリンクさせることができるのはテキストだけではありません。<a> ～ </a>の範囲内に<img>を入れることで、画像をリンクにすることができます。その際、<img>にalt属性を指定して、画像の代わりに使用できるテキストも用意しておきます。

》 画像のリンク

要素/プロパティ

> HTML **<a href="リンク先のアドレス"><img … ></a>**

Webページ上部にあるロゴ画像は、多くの場合「ホーム」や「トップページ」へのリンクになっています。ロゴ画像をリンクにするには、<a>～</a>の範囲内にテキストではなく画像(img要素) を入れます。

img要素は、
や<hr>のように開始タグだけで使用するタグで、画像ファイルの場所(パス) をsrc属性で指定します。alt属性には、画像が何らかの理由で表示できないときのために、「画像の代わりとして使用するテキスト」を指定しておきます。width属性とheight属性には、画像を表示させる際の幅と高さをピクセル数で指定します。

HTML　　　　　　　　　　　　　　　　　　　　　　　□ Sec074

```
<header>
<a href="home.html"><img src="logo.png" alt="サンプルロゴ商会" width="100"
height="88"></a>
</header>
```

▶ 実行結果(ブラウザ表示)

リンクが設定された画像が表示されます

第1章

第2章

第3章

第4章

●リンクを設定する　第**5**章

第6章

第7章

第8章

143

≫ 画像のリンクに表示される枠線

現在の一般的なブラウザでは前ページの指定だけで問題はないのですが、古いバージョンのブラウザや、あまり一般的ではない種類のブラウザを使用している場合、リンクにした画像の周りに次のような線が表示される可能性があります。

▶ 実行結果（ブラウザ表示）

なにも指定していないのに、枠線が表示されています

このような枠線を表示させないようにするには、CSSで次のように指定してください。borderプロパティで、キーワード「none」を指定すると、線を非表示にできます。

CSS

```
img { border: none; }
```

SECTION 075 HTML

リンク先を別のタブで開く
<a target="_blank">

a要素にtarget属性を指定し、その値を「_blank」にすると、そのリンク先は常にブラウザの新しいタブまたはウインドウに表示されます。タブで開くかウインドウで開くかは、ブラウザの設定によって変わります。

≫ 常に新しいタブまたはウインドウに表示させる

要素/プロパティ

> **HTML** **<a target="_blank" href="~"> … </a>**

リンク先が常に新しいタブまたはウインドウに表示されるようにするには、a要素の開始タグに「target="_blank"」を加えます。この指定だけで、リンクをクリックするたびに自動的に新しいタブまたはウインドウが開いて、リンク先はそこに表示されるようになります。タブに表示されるのかウインドウに表示されるのかは、HTMLでは制御できません。ブラウザの設定やユーザーの操作によって異なります。

> **HTML**　　　　　　　　　　　　　　　　　　　　　　　□ Sec075
>
> 詳しくは<a target="_blank" href="https://www.w3.org/">W3Cのページ</a>を参照してください。

▶ 実行結果(ブラウザ表示)

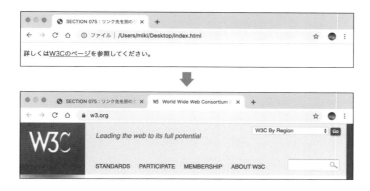

145

≫ リンク先をどこに表示させるのかを制御する属性

要素/プロパティ

HTML **<a target="表示場所の名前" href="~"> … </a>**

target属性は「target="_blank"」と指定することが多いですが、それ以外の値も指定可能です。target属性は基本的には「リンク先をどこに表示させるのかを制御する属性」で、その値にはタブやウインドウの名前を指定できます。その場合、指定した名前のタブまたはウインドウが既に存在していればそこに表示し、なければ新しいタブまたはウインドウを開いて表示します。その際、新しく開いたタブまたはウインドウには、内部的に指定された名前が付けられます。

target属性には、制作者が指定可能な名前のほかに、アンダースコア(_)ではじまる特別な意味を持ったキーワードが4つ用意されています。

キーワード	意味
_blank	常に新しいタブまたはウインドウを開いて表示
_self	リンク元の文書と入れ替えて同じところに表示
_parent	リンク元の文書の親となっているフレーム、タブ、ウインドウに表示
_top	リンク元の文書を含んでいるタブまたはウインドウの全体に表示

「_blank」もこの4つのキーワードのうちの1つです。それ以外のキーワードは、主にフレーム(iframe要素)を使用している場合に役立つキーワードとなっています。

ファイルをダウンロードできるように する <a download>

リンクをクリックすると、ブラウザが表示できるファイルであればそれを表示し、開けないファイルではそのファイルをダウンロードします。download属性を使用すると、ブラウザで開けるファイルでも、常にダウンロードするように設定できます。

≫　ファイルを開かずダウンロードする

要素/プロパティ

> **HTML** `<a download href="~"> … </a>`
>
> **HTML** `<a download="ファイル名.拡張子" href="~"> … </a>`

a要素にdownload属性を指定すると、そのリンクをクリックしたときにファイルがダウンロードされるようになります。この属性に値を指定していない場合は、ファイルに元々付けられている名前でファイルがダウンロードされます。

HTML　　　　　　　　　　　　　　　　　　　　　　　　📄 Sec076_1

```
<p><a href="photo.jpg" download>壁紙</a>のダウンロード</p>
```

実際のファイル名とは別の名前でダウンロードさせたい場合は、その名前をdownload属性の値として指定してください。

HTML　　　　　　　　　　　　　　　　　　　　　　　　📄 Sec076_2

```
<p><a href="photo.jpg" download="wallpaper.jpg">壁紙</a>のダウンロード</p>
```

なお、一般的なブラウザでは、この機能はダウンロードさせるファイルが同一オリジンにある(URLのスキーム、ホスト、ポートが同じ場所にある)場合のみ動作します。

147

1つの画像に複数のリンクを設定する \<map> \<area>

1つの画像内の特定の領域を座標で指定し、その部分をリンクにすることができます。リンクにする領域の座標はarea要素で定義し、map要素でそれらをとりまとめて、img要素と関連付けます。

» イメージマップのつくり方

要素/プロパティ

`HTML` **\<img usemap="#イメージマップの名前" … >**

`HTML` **\<map name="イメージマップの名前"> … \</map>**

`HTML` **\<area href="リンク先" coords="領域の座標" … >**

イメージマップとは、1つの画像の中でいくつかの領域を定め、各々のリンク先を定義したものです。具体的な領域の座標やリンク先の指定などは、map要素内に入れたarea要素で行います。

```
画像        <img usemap="#イメージマップの名前" … >
                        ↕ 関連付け
イメージマップ   <map name="イメージマップの名前">
                <area href="リンク先" coords="領域の座標" … >
                <area href="リンク先" coords="領域の座標" … >
                <area href="リンク先" coords="領域の座標" … >
            </map>
```

» リンク先と領域の定義

要素/プロパティ

`HTML` **\<area href="リンク先" alt="代替テキスト" shape="領域の形状" coords="領域の座標">**

<area>は開始タグだけで使用する要素です。href属性にはa要素の場合と同様に
リンク先を指定し、alt属性には「リンク先をあらわすテキスト」を指定します。shape
属性には領域の形状を、次の4種類のキーワードのいずれかで指定します。

rect	四角形
circle	円形
poly	多角形
default	画像全体

領域の座標を指定するcoords属性は、shape属性にどのキーワードを指定したか
によって指定方法が変わります。各座標はカンマ(,)で区切って指定します。shape
属性のキーワードごとの指定方法は次のとおりです。なお、shape属性でdefault
を指定した場合はcoords属性は指定できません。

shape属性のキーワード	coords属性での座標の指定方法
rect	四角形の左上のX座標、左上のY座標、右下のX座標、右下のY座標
circle	円の中心のX座標、円の中心のY座標、円の半径
poly	多角形の各座標をX座標、Y座標の順ですべて連続させて指定

HTML　　　　　　　　　　　　　　　　　　　　　□ Sec077

```
<p>
<img src="imap.jpg" usemap="#sample" alt="イメージマップの例">
<map name="sample">
  <area shape="rect" href="a.html" coords="56,70,173,193" alt="リンクA">
  <area shape="circle" href="b.html" coords="300,125,70" alt="リンクB">
  <area shape="poly" href="c.html" coords=
"491,13,410,147,446,193,532,193,557,110,491,72" alt="リンクC">
</map>
</p>
```

▶ 実行結果(ブラウザ表示)

黄色のそれぞれの領域に、異なる
リンクが設定されています

第1章

第2章

第3章

第4章

●リンクを設定する

第5章

第6章

第7章

第8章

疑似クラスってなに?

擬似クラスは、主にその要素の「状態」によって適用されるかどうかが決定されるセレクタ
です。また、ほかのセレクタではあらわせないような適用先を指定するための特別な擬似ク
ラスもあります。

》 疑似クラスとは

要素の上にマウスポインターがあるかどうか、要素内容が空であるかどうか、といっ
たように、要素の「状態」によって適用されるセレクタを擬似クラスと言います。この
ほか、適用対象を逆にするなど、ほかのセレクタでは示せない適用先を示すための
セレクタも一部擬似クラスに含まれており、現時点では20種類以上が利用可能です。

》 疑似クラスの書き方

要素/プロパティ

CSS :○○○

CSS :○○○( )

擬似要素は「::○○○」のようにコロンを2つ付けて書きましたが、擬似クラスは「:○
○○」のようにコロンを1つだけ付けて書きます。また、擬似クラスの中には( )で値
を指定するものもあります。

CSS
```
a:link { ・・・ }
tr:nth-child(2n+1) { ・・・ }
```

擬似クラスは、先頭のタイプセレクタまたはユニバーサルセレクタ以降であれば、順
不同でいくつでも続けて指定できます。擬似要素も使う場合は、最後尾に1つだけ
指定可能です。

タイプセレクタ（要素名）

または

ユニバーサルセレクタ（*）

＋

その他のセレクタを
順不同で続けて記述可

ただし、擬似クラスの中には適用対象が全くの逆になっているものがあります。たとえば、:link は未訪問のリンク部分に適用されますが、:visited は訪問済みのリンク部分に適用されます。このような擬似クラスを一緒に指定してしまうと、適用対象のないセレクタになってしまいますので注意してください。

》 指定順序に注意！

擬似クラスで指定する状態は、排他的なものもあれば重複して同時に発生するものもあります。たとえば、:hover はマウスポインターが要素の上にあるときに適用対象となりますが、それが未訪問のリンクであれば :link も適用対象となり、訪問済みのリンクであれば :visited も適用対象となります。CSSはあとの指定が前の指定を上書きするので、次のような指定順序だと、:hover の指定は一切適用されません。

CSS   🗋 Sec078_1

```
a:hover { color: red; }
a:active { color: black; }
a:link { color: blue; }
a:visited { color: purple; }
```

:link または :visited の指定があとにあると、:hover の指定は常にそれらに上書きされます。そのため、重複して同時に発生するセレクタを使用する場合は、指定順序に注意してください。次の順序で指定すると、すべての指定が有効になります。

CSS   🗋 Sec078_2

```
a:link { color: blue; }
a:visited { color: purple; }
a:hover { color: red; }
a:active { color: black; }
```

訪問済みのリンクの色を変更する
:visited

擬似クラスの :visited を使用すると、訪問済みのリンク部分にCSSを適用できます。訪問済みと未訪問の状態が同時に発生することはありませんが、:hover や :active の状態は同時に発生しますので指定順序には注意してください。

≫ 訪問済みのリンクにスタイルを適用

要素/プロパティ

CSS :visited { … }

:visited は、リンク先にすでに訪問したことのある(キャッシュされている)リンクを適用対象とするセレクタです。

HTML   🗋 Sec079

```html
<p>
<a href="destination.html">リンクテキスト</a>
</p>
```

CSS   🗋 Sec079

```css
a:link { color: #66bb33; }
a:visited { color: #bbbbbb; }
a:hover { color: #ffaa00; }
a:active { color: #000000; }
```

▶ 実行結果(ブラウザ表示)

リンクテキスト

未訪問のリンクの色を変更する
:link

擬似クラスの :link を使用すると、未訪問のリンク部分にCSSを適用できます。未訪問と訪問済みの状態が同時に発生することはありませんが、:hover や :active の状態は同時に発生しますので指定順序には注意してください。

» 未訪問のリンクにスタイルを適用

要素/プロパティ

> **CSS** :link { ⋯ }

:link は、リンク先をまだ訪問していない(キャッシュされていない) リンクを適用対象とするセレクタです。

HTML 　　　　　　　　　　　　　　　　　　　　　　　　　　　🗌 Sec080

```
<p>
<a href="destination.html">リンクテキスト</a>
</p>
```

CSS 　　　　　　　　　　　　　　　　　　　　　　　　　　　🗌 Sec080

```
a:link { color: #66bb33; }
a:visited { color: #bbbbbb; }
a:hover { color: #ffaa00; }
a:active { color: #000000; }
```

▶ 実行結果(ブラウザ表示)

リンクテキスト

クリック中のリンクの色を変更する
:active

擬似クラスの :active を使用すると、マウスボタンなどが押されている最中に適用するCSS
を指定できます。このセレクタの指定は、:link や :visited、:hover よりもあとに配置します。
なお、ここではa要素に設定していますが、ほかの要素でも適用可能です。

》 マウスボタンを押している状態のリンクにスタイルを適用

要素/プロパティ

CSS :active { … }

:active は、その要素がアクティベートされている間（マウスボタンであれば、押して
から放すまでの間）にだけスタイルを適用するセレクタです。

HTML　　　　　　　　　　　　　　　　　　　　　　　　　　　　　　Sec081

```
<p>
<a href="destination.html">リンクテキスト</a>
</p>
```

CSS　　　　　　　　　　　　　　　　　　　　　　　　　　　　　　Sec081

```
a:link { color: blue; }
a:visited { color: purple; }
a:hover { color: red; }
a:active { color: black; }
```

▶ 実行結果（ブラウザ表示）

リンクテキスト

第1章

第2章

第3章

第4章

第5章

●リンクを設定する

第6章

第7章

第8章

SECTION 082 CSS

マウスが重なったときのリンクの 見た目を変更する :hover

擬似クラスの :hover を使用すると、マウスポインターが上に置かれている最中に適用する CSSを指定できます。このセレクタの指定は、:link や :visited よりもあと、:active よりも 前に配置します。なお、ここではa要素に設定していますが、ほかの要素でも適用可能です。

マウスポインターが上に置かれているときにスタイルを適用

要素/プロパティ

> CSS :hover { … }

:hover は、マウスなどのポインティングデバイスを使って、ポインターを要素の上に 重ねている間のみスタイルを適用するセレクタです。このセレクタの表示指定は、ス マートフォンのようなポインティングデバイスを使用しない機器では無効になります。

HTML　　　　　　　　　　　　　　　　　　　　　　　　　🗋 Sec082

```
<p>
<a href="destination.html">リンクテキスト</a>
</p>
```

CSS　　　　　　　　　　　　　　　　　　　　　　　　　🗋 Sec082

```
a { text-decoration: none; }
a:link, a:visited { color: rgb(51,51,51); }
a:hover {
  color: rgba(51,51,51,0.5);
  text-decoration: underline;
}
a:active { color: red; }
```

▶ 実行結果(ブラウザ表示)

155

SECTION
083
CSS

リンクの範囲を広げる
display: block;

ブロックレベル要素とインライン要素の表示は、デフォルトでそのようになっているだけで、CSSで自由に切り替え可能です。リンクをブロックレベルに切り替えると、幅や行揃えなどが指定可能になり、クリックできる範囲を広げられます。

● リンクを設定する

≫ 通常のリンクのクリックできる範囲

はじめに、通常のリンクに背景を指定してみましょう。背景が表示されている範囲が、リンクとしてクリックできる範囲です。

HTML	📄 Sec083_1

```
<p>
<a href="destination.html">
リンクテキスト
</a>
</p>
```

CSS	📄 Sec083_1

```
a {
  color: #ffffff;
  background-color: #b36ae2;
}
```

▶ 実行結果(ブラウザ表示)

リンクテキスト

≫ ブロックレベル要素をリンクにした場合

次に、<a>～</a>で囲う範囲を変更します。ブロックレベル要素であるp要素全体をリンクにすることで、クリックできる範囲(背景の表示領域) が広がりました。

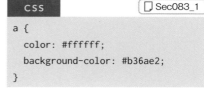

HTML	📄 Sec083_2

```
<a href="destination.html">
<p>
リンクテキスト
</p>
</a>
```

CSS	📄 Sec083_2

```
p {
  color: #ffffff;
  background-color: #b36ae2;
}
```

▶ 実行結果(ブラウザ表示)

> リンクテキスト

» リンクをブロックレベル要素の表示に切り替えた場合

要素/プロパティ

CSS **display: block;**

<a>〜</a>で囲う範囲を変更せず、a要素の表示をブロックレベルに切り替えることも可能です。基本的にどの要素でも「display: block;」と指定するとブロックレベルの表示になり、「display: inline;」だとインラインの表示になります。

次の例では、a要素に「display: block;」と指定しています。この指定により、<a>〜</a>でp要素を囲ったときのようにクリックできる範囲が広がりました。

```
HTML          📄 Sec083_3
<p>
<a href="destination.html">
リンクテキスト
</a>
</p>
```

```
CSS           📄 Sec083_3
a {
  color: #ffffff;
  background-color: #b36ae2;
  display: block;
}
```

▶ 実行結果(ブラウザ表示)

> リンクテキスト

» ブロックレベルなら幅や行揃えも指定可能

ブロックレベル要素の表示に切り替えられた要素は、幅や行揃えも指定可能になります(これらの指定はインライン要素では無効となります)。「display: block;」を指定した上で、余白や幅などを指定することで、クリックできる範囲が広がるだけでなく、表示の調整もしやすくなります。

第1章
第2章
第3章
第4章
● リンクを設定する 第5章
第6章
第7章
第8章

HTML	Sec083_4

```html
<p>
<a href="destination.html">
リンクテキスト
</a>
</p>
```

CSS	Sec083_4

```css
a {
  color: #ffffff;
  background-color: #b36ae2;
  display: block;
  padding: 3em;
  width: 12em;
  text-align: center;
  text-decoration: none;
}
```

▶ **実行結果(ブラウザ表示)**

リンクテキスト

第1章

第2章

第3章

第4章

第5章 ●リンクを設定する

第6章

第7章

第8章

リストやメニューをつくる

リストの違いと使い分け
<ul> <ol> <dl>

HTMLには、大きく分けて3種類のリスト（項目を列挙する形式のテキスト）があります。
<ul>は一般的な箇条書き、<ol>は連番付きの箇条書き、<dl>は各項目がペアになっている「用語解説」形式のリストです。

≫ 一般的な箇条書き形式のリスト

要素/プロパティ

> **HTML** **<ul>一般的な箇条書きの各項目</ul>**

一般的な箇条書き形式のリストを表示する場合は、<ul>タグを使用します。内容の各項目は、<li>タグで囲って示します。

HTML　　　　　　　　　☐ Sec084_1

```
<ul>
  <li>先頭が記号のリスト項目1</li>
  <li>先頭が記号のリスト項目2</li>
</ul>
```

▶ **実行結果(ブラウザ表示)**

- 先頭が記号のリスト項目1
- 先頭が記号のリスト項目2

≫ 連番付きの箇条書き形式のリスト

要素/プロパティ

> **HTML** **<ol>連番付きの箇条書きの各項目</ol>**

連番付きの箇条書き形式のリストを表示する場合は、<ol>タグを使用します。内容の各項目は、<ul>と同じく<li>タグで囲って示します。

HTML
Sec084_2

▶ **実行結果（ブラウザ表示）**

```
<ol>
  <li>先頭が連番のリスト項目1</li>
  <li>先頭が連番のリスト項目2</li>
</ol>
```

```
1. 先頭が連番のリスト項目1
2. 先頭が連番のリスト項目2
```

≫ 「用語解説」形式のリスト

要素/プロパティ

HTML **<dl>「用語解説」形式の各項目</dl>**

用語とその解説といったように、各項目がペアになっている「用語解説」形式のリストを表示する場合は、<dl>タグを使用します。内容の各項目は、<dt>で囲ったテキストと<dd>で囲ったテキストで示します。

HTML
Sec084_3

```
<dl>
  <dt>用語1</dt>
  <dd>用語1に関する説明の文章1です。</dd>
  <dt>用語2</dt>
  <dd>用語2に関する説明の文章2です。</dd>
</dl>
```

▶ **実行結果（ブラウザ表示）**

```
用語1
    用語1に関する説明の文章1です。
用語2
    用語2に関する説明の文章2です。
```

箇条書きリストを表示する
\<ul> \<li>

\<ul>と\<li>はテキストを箇条書き形式で表示させるタグで、各項目の先頭には「●」などの記号が自動的に表示されます。箇条書き部分全体を\<ul>のタグで囲い、各項目は\<li>で囲って示します。

≫ 箇条書きリスト

要素/プロパティ

> HTML **\<ul>\<li>項目1\</li>\<li>項目2\</li>\<li>項目3\</li> … \</ul>**

\<ul>は、「項目の順番が特に重要ではないリスト」をあらわすための要素です。内容の各項目をそれぞれ\<li>で囲って示します。ulは「unordered list（順番のないリスト）」、liは「list item（リストの項目）」の略です。

HTML　　　　　　　　　　　　　　　　　　　　　　　　　　🗋 Sec085

```
<p>沖縄で行ったことのある島:</p>
<ul>
    <li>石垣島</li>
    <li>宮古島</li>
    <li>久米島</li>
</ul>
```

▶ 実行結果（ブラウザ表示）

> 沖縄で行ったことのある島：
>
> - 石垣島
> - 宮古島
> - 久米島

連番の箇条書きリストを表示する
\<ol\> \<li\>

\<ol\>と\<li\>はテキストを箇条書き形式で表示させるタグで、各項目の先頭には連続する数字が自動的に表示されます。箇条書き部分全体を\<ul\>のタグで囲い、各項目は\<li\>で囲って示します。

≫ 連番付きのリスト

要素/プロパティ

> **HTML** **\<ol\>\<li\>項目1\</li\>\<li\>項目2\</li\>\<li\>項目3\</li\> … \</ol\>**

\<ol\>は、「項目の順番が決められているリスト」をあらわすための要素です。内容の各項目をそれぞれを\<li\>で囲って示します。olは「ordered list（順番のあるリスト）」の略です。

HTML　　　　　　　　　　　　　　　　　　　　　　　□ Sec086

```
<p>沖縄で私の好きな島(好きな順):</p>
<ol>
    <li>座間味島</li>
    <li>石垣島</li>
    <li>黒島</li>
</ol>
```

▶ 実行結果（ブラウザ表示）

沖縄で私の好きな島（好きな順）：

1. 座間味島
2. 石垣島
3. 黒島

箇条書きの番号を指定した数字 からはじめる <ol start>

ol要素の連番を1以外から開始させたい場合は、start属性を使用します。値として指定した数字が、連番の開始番号になります。連番付きのリストを分割して掲載したい場合などに便利な機能です。

≫ 連番付きのリストの開始番号を指定

要素/プロパティ

HTML **<ol start="開始番号"> … </ol>**

ol要素で自動的に表示される連番は、なにも指定しなければ1から開始されます。start属性に整数を指定すると、連番をその数字から開始させることができます。

HTML　　　　　　　　　　　　　　　　　　　　　　　　　　　　　　　　　□ Sec087

```html
<ol start="4">
  <li>伊良部島</li>
  <li>渡名喜島</li>
  <li>ナガンヌ島</li>
</ol>
```

▶ 実行結果(ブラウザ表示)

4. 伊良部島
5. 渡名喜島
6. ナガンヌ島

第1章

第2章

第3章

第4章

第5章

第6章

●リストやメニューをつくる

第7章

第8章

単語と説明のリストを表示する
\<dl> \<dt> \<dd>

\<dl>\<dt>\<dd>は、用語解説のような「単語と説明がペアになっている形式の項目」を連続して表示させるタグです。全体を\<dl>のタグで囲い、単語は\<dt>、説明は\<dd>で囲って示します。

≫ 単語とその説明のリスト

要素/プロパティ

> **HTML** **\<dl>\<dt>単語1\</dt>\<dd>説明1\</dd>\<dt>単語2\</dt>\<dd>説明2\</dd> … \</dl>**

\<dl>は、各項目が短いテキストと長いテキストのペアになっているリストです。dlは「description list（説明リスト）」の略です。短いテキストは\<dt>、長いテキストは\<dd>であらわします。\<dt>と\<dd>はそれぞれ連続して複数配置でき、各ペアは\<div>でグループ化も可能です。グループにしておくと、CSSで表示指定がしやすくなります。

HTML　　　　　　　　　　　　　　　　　　　　　　　　📄 Sec088

```
<dl>
    <dt>タコライス</dt>
    <dd>タコスの具材をご飯の上にのせた料理。</dd>
    <dt>ポークたまごおにぎり</dt>
    <dd>ランチョンミート（スパム）と玉子焼きの四角いおにぎり。</dd>
</dl>
```

▶ 実行結果（ブラウザ表示）

> タコライス
> 　　　タコスの具材をご飯の上にのせた料理。
> ポークたまごおにぎり
> 　　　ランチョンミート（スパム）と玉子焼きの四角いおにぎり。

第1章

第2章

第3章

第4章

第5章

●リストやメニューをつくる 第6章

第7章

第8章

箇条書きのマーカーを変更する
list-style-type

<ul>や<ol>の行頭記号や数字の書式は、CSSで変更できます。あらかじめ決められているキーワードを使って種類を変更する場合はlist-style-typeを使用し、画像を表示する場合はlist-style-imageを使用します。

≫ マーカーの種類または画像を指定

要素/プロパティ

CSS **list-style-type: マーカーの種類;**

list-style-typeプロパティでは、次のようなキーワードを指定して、行頭記号や数字の書式を変更することができます。

disc	塗りつぶしの●
circle	塗りつぶさない○
square	四角
decimal	数字
decimal-leading-zero	数字（1桁の場合は前に0を付ける）
lower-roman	ローマ数字（小文字）
upper-roman	ローマ数字（大文字）
lower-alpha	アルファベット（小文字）
upper-alpha	アルファベット（大文字）
none	マーカーなし

第1章

第2章

第3章

第4章

第5章

第6章

●リストやメニューをつくる

第7章

第8章

CSS **list-style-image: url(マーカー画像のパス);**

行頭記号として画像を表示する場合は、list-style-imageプロパティを使用し、画像のパスを url(パス) の書式で値として指定します。

これらのプロパティを<ul>または<ol>に適用すると、すべての<li>に同じ指定が適用されます。個別に適用させたい場合は、直接<li>に指定してください。

HTML　　　　　　　　　　　　　　　　　　　　　　　Sec089

```
<ol>
  <li id="first">石垣島</li>
  <li>宮古島</li>
  <li>久米島</li>
</ol>
```

CSS　　　　　　　　　　　　　　　　　　　　　　　Sec089

```
ol { list-style-type: decimal-leading-zero; }
#first { list-style-image: url(crown.png); }
```

▶ 実行結果(ブラウザ表示)

👑 石垣島
02. 宮古島
03. 久米島

第1章
第2章
第3章
第4章
第5章
●リストやメニューをつくる 第6章
第7章
第8章

箇条書きのマーカーと文字の
位置を揃える background

箇条書きのマーカー（行頭記号）の表示位置は変更できません。画像のマーカーと文字のズレが気になる場合は、あえてリストのマーカーは消し、背景画像として表示させることで位置が微調整できるようになります。

●リストやメニューをつくる

≫ マーカーを背景画像で表示させて位置を調整する

要素/プロパティ

> **CSS** **background: url(画像のパス) 縦位置 横位置 no-repeat;**

リストのマーカーはオリジナルの画像に変更できますが、その表示位置は変えることができません。マーカーを任意の場所に表示させたい場合は、位置を微調整できる背景画像で代用するという方法があります。

次の例ではまず、リストのマーカーの種類として「none」を指定し、マーカーを消しています。次に各 li 要素の左側に 32px の余白を設定し、そこに背景画像として crown.png を表示させ、位置を左から 0、上から 0.2em の位置に設定しています。「no-repeat」は、画像をタイル状に繰り返して表示させないための指定です。背景画像の詳しい指定方法については、第 8 章を参照してください。

HTML	🗋 Sec090

```html
<ul>
  <li>石垣島</li>
  <li>宮古島</li>
  <li>久米島</li>
</ul>
```

CSS	🗋 Sec090

```css
ul {
  list-style: none;
  line-height: 2;
}
li {
  padding-left: 32px;
  background: url(crown.png) 0
0.2em no-repeat;
}
```

▶ 実行結果（ブラウザ表示）

👑 石垣島
👑 宮古島
👑 久米島

箇条書きのマーカーの設定を まとめる list-style

リスト関連のプロパティを使うと、マーカーの種類が指定できるほか、マーカーをオリジナルの画像に変更したり、マーカーをテキストの表示領域内に表示させたりすることもできます。list-styleプロパティではそれらをまとめて指定できます。

≫ マーカーをテキストの表示領域内に表示させる

要素/プロパティ

> **CSS** **list-style-position: inside;**

list-style-positionプロパティは、マーカーの表示位置をテキストの表示領域の外側にするか内側にするかを設定するプロパティです。次のキーワードが指定できます。

outside	マーカーをテキストの表示領域外に表示させる（初期値）
inside	マーカーをテキストの表示領域内に表示させる

下の例では、「inside」を指定して最初の項目だけマーカーを内側に表示させています。

HTML 　　　　　　　　　　　　　　　　　　　　　　　　　🗋 Sec091_1

```
<ul>
  <li id="first">これは1つ目の項目です。list-style-positionプロパティでマー
カーをテキストの表示領域内に表示させています。</li>
  <li>これは2つ目の項目です。list-style-positionプロパティは特に指定していま
せんので通常の表示となっています。</li>
</ul>
```

CSS 　　　　　　　　　　　　　　　　　　　　　　　　　🗋 Sec091_1

```
li#first { list-style-position: inside; }
```

▶ 実行結果(ブラウザ表示)

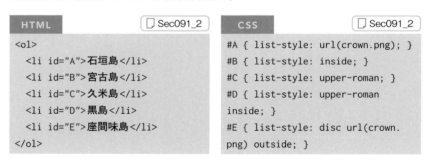

> ・ これは1つ目の項目です。list-style-positionプロパティで
>   マーカーをテキストの表示領域内に表示させています。
> ・ これは2つ目の項目です。list-style-positionプロパティは特
>   に指定していませんので通常の表示となっています。

≫ リスト関連プロパティの値をまとめて指定

要素/プロパティ

CSS **list-style: 種類 url(画像のパス) 外側か内側か;**

list-styleプロパティを使用すると、list-style-type, list-style-image, list-style-positionの値の中から、必要なものを半角スペースで区切って順不同で指定できます。このとき、指定していない値は初期値に設定されてしまうので注意してください(次の例の#Bの表示結果を参照)。マーカーの種類と画像の両方が指定されている場合、画像が利用可能な場合は画像が表示され、画像が利用できない場合は指定された種類のマーカーが表示されます。

```html
HTML                          Sec091_2
<ol>
  <li id="A">石垣島</li>
  <li id="B">宮古島</li>
  <li id="C">久米島</li>
  <li id="D">黒島</li>
  <li id="E">座間味島</li>
</ol>
```

```css
CSS                           Sec091_2
#A { list-style: url(crown.png); }
#B { list-style: inside; }
#C { list-style: upper-roman; }
#D { list-style: upper-roman
inside; }
#E { list-style: disc url(crown.
png) outside; }
```

▶ 実行結果(ブラウザ表示)

詳細情報を追加する \<dialog> \<details> \<summary>

ここでは、特定の情報を表示させたり消したりできる要素を2種類紹介します。\<dialog>は
ダイアログを表示させる要素で、\<details>は▶をクリックすることでコンテンツを折りたた
むことができる要素です。

≫ ダイアログを表示させる要素

要素/プロパティ

HTML **\<dialog open> … \</dialog>**

\<dialog>は、ダイアログを表示させるための専用要素です。open属性が指定され
ていると表示され、指定されていないと非表示になります。表示／非表示の切り替
えはJavaScriptなどを使って行います。なお、内容は基本的に自由に入れられます。

HTML　　　　　　　　　　　　　　　　　　　　　　　　　　　 ☐ Sec092_1

```
<dialog open>
  <h1>ダイアログ</h1>
  <p>dialog要素は、特にCSSを指定していない場合はこのような表示になります。</
p>
</dialog>
```

▶ 実行結果(ブラウザ表示)

ダイアログ

dialog要素は、特にCSSを指定していない場合はこのような表
示になります。

第1章

第2章

第3章

第4章

第5章

● リストやメニューをつくる

第6章

第7章

第8章

》 詳細を折りたたんで表示／非表示を切り替える要素

要素/プロパティ

HTML **<details><summary>見出し</summary> … </details>**

見出しの横の▶をクリックすることで詳細情報を表示させたり消したりできるコンテンツは、<details>と<summary>だけで作成できます。全体を<details>〜</details>で囲って、その中の先頭に<summary>〜</summary>を入れて見出しを付けるだけです。<summary>以降には自由に情報を入れておくことができ、その部分が表示されたり消えたりします。▶は自動的に表示されます。

<summary>〜</summary>に入れられるのは基本的にはフレージングコンテンツ（インライン要素）ですが、h1〜h6要素のいずれかを単体で入れることもできます。

HTML　　　　　　　　　　　　📄 Sec092_2

```
<details>
  <summary>詳細情報の見出し</
summary>
  <p>詳細情報1</p>
  <p>詳細情報2</p>
  <p>詳細情報3</p>
</details>
```

CSS　　　　　　　　　　　　📄 Sec092_2

```
details {
  padding: 0.5em;
  color: #000000;
  background: #eeeeee;
  border: 1px solid #cccccc;
}
```

▶ 実行結果（ブラウザ表示）

▶ 詳細情報の見出し

⬇

▼ 詳細情報の見出し

詳細情報1

詳細情報2

詳細情報3

SECTION

093

Article

floatでグローバルメニューをつくる

<li>を横に並べて表示させる方法は複数ありますが、その中でも以前から行われていたのが、floatプロパティを使う方法です。floatを指定された要素は左右いずれかに寄せて配置され、その横に後続の要素を回り込ませます。

» floatでli要素を横に並べる

要素/プロパティ

CSS **float: 寄せる方向;**

グローバルメニューは、かつては凝って複雑なものが多かったのですが、最近ではシンプルにテキストを横に並べたものが主流になっています。グローバルメニューのようなナビゲーションは、一般的に<ul>と<li>で作成されています。

<li>は、通常の要素表示領域（ボックス）のほかにマーカー（行頭記号）を表示させる領域も別に用意されている、特別な表示形態です。まずはこれをブロックレベル要素に変換すると、以降の作業が楽になります。<li>に「display: block;」を指定すると、通常のブロックレベル要素と同じ状態になり、マーカーが消えます。

floatは、画像の横にテキストを回り込ませるときなどに使用するプロパティです。値にleftを指定すると左に寄せて配置され、rightを指定すると右に寄せて配置されます。そして後続の要素は、回り込める幅がある場合、その横に回り込みます。floatに指定できる値は次のとおりです。

left	指定した要素を左に寄せて配置し、後続の要素をその右側に回り込ませる
right	指定した要素を右に寄せて配置し、後続の要素をその左側に回り込ませる
none	要素を寄せて配置せず、通常の状態にする

floatを指定した要素が横に並ぶのは、横に並べるだけの幅が確保できている状態のときのみです。フォントサイズを変更したり、画面の幅の狭いデバイスなどで表示させると横に並ばなくなる場合がありますので注意してください。

次の例では、リストの各項目を横に並べて配置するために、「float: left;」を指定しています。

●リストやメニューをつくる

第1章

第2章

第3章

第4章

第5章

第**6**章

第7章

第8章

第1章

第2章

第3章

第4章

第5章

第6章 ● リストやメニューをつくる

第7章

第8章

Sec093

```html
<nav>
  <ul>
    <li><a href="#">ホーム</a></li>
    <li><a href="#">製品情報</a></li>
    <li><a href="#">会社案内</a></li>
    <li><a href="#">お問い合わせ</a></li>
  </ul>
</nav>
```

CSS Sec093

```css
nav ul, nav li {
  margin: 0;
  padding: 0;
}
nav li {
  display: block;
  float: left;
}
nav a {
  padding: 0.5em;
  text-decoration: none;
  color: black;
}
nav a:hover {
  color: gray;
}
```

▶ 実行結果(ブラウザ表示)

ホーム　製品情報　会社案内　お問い合わせ

Flexboxでグローバルメニューをつくる

<li>を横に並べて表示させる比較的新しい手法の1つに、Flexboxがあります。ある要素に「display: flex;」を指定するだけで、その要素の子要素は横に並んで表示されるようになります。

》「display: flex;」でli要素を横に並べる

要素/プロパティ

| CSS | display: flex; |

かつて<li>を横に並べるには、floatを使用するか、「display: inline;」を指定してインライン要素として表示させるしか方法がありませんでした。しかし、floatは様々な場面で問題が発生することがあり、インライン要素にした場合はCSSでの扱いが面倒になります。

そこで新しく登場したのが、フレキシブルボックスレイアウト(通称フレックスボックスまたはFlexbox)とグリッドレイアウトという手法です。それらについての詳細は第13章で解説しますが、このセクションではフレキシブルボックスレイアウトを使って<li>を横に並べる方法を紹介しておきます。

指定方法はかんたんで、<ul>に「display: flex;」を指定するだけです。「display: flex;」を指定された要素はフレキシブルボックスレイアウトになり、(初期状態で)子要素を左から順に横に並べて表示させます。ただし、それだけではリストのマーカーが表示されたままなので、<li>に「display: block;」を指定します。

第1章
第2章
第3章
第4章
第5章
●第6章 リストやメニューをつくる
第7章
第8章

□ Sec094

```html
<nav>
  <ul>
    <li><a href="#">ホーム</a></li>
    <li><a href="#">製品情報</a></li>
    <li><a href="#">会社案内</a></li>
    <li><a href="#">お問い合わせ</a></li>
  </ul>
</nav>
```

CSS   □ Sec094

```css
nav ul, nav li {
  margin: 0;
  padding: 0;
}
nav ul {
  display: flex;
}
nav li {
  display: block;
}
nav a {
  padding: 0.5em;
  text-decoration: none;
  color: black;
}
nav a:hover {
  color: gray;
}
```

▶ 実行結果(ブラウザ表示)

ホーム　製品情報　会社案内　お問い合わせ

メニューの項目を同じ間隔に配置する justify-content

フレキシブルボックスレイアウトで横に並べたボックスを（行揃えのように）揃えて配置するには、justify-contentプロパティを使用します。左右いずれかに寄せて配置できるだけでなく、均等に配置させることもできます。

≫ 揃える方向や均等割り付けを設定する

要素/プロパティ

CSS **justify-content: 揃え方;**

「display: flex;」を指定されて横に並んだ要素は、justify-contentプロパティを使用することで、横方向（縦書きの場合は縦方向）での揃え方を設定することができます。次の値が指定できます。

flex-start	左揃え（行頭の方向に揃える：縦書きなら上、アラビア語なら右）
flex-end	右揃え（行末の方向に揃える：縦書きなら下、アラビア語なら左）
center	中央揃え
space-between	横に並べた要素の間にのみ均等に空間を確保する
space-around	横に並べた各要素の両側にそれぞれ同じ量の空間を割り当てる

また、align-contentプロパティを使用すると、縦方向（縦書きの場合は横方向）の位置を揃えることができます。

第1章
第2章
第3章
第4章
第5章
●リストやメニューをつくる 第6章
第7章
第8章

第1章

第2章

第3章

第4章

第5章

第6章 ●リストやメニューをつくる

第7章

第8章

　　　　　　　　　　　　　　　　　　　　　　□ Sec095

```html
<nav>
  <ul>
    <li><a href="#">ホーム</a></li>
    <li><a href="#">製品情報</a></li>
    <li><a href="#">会社案内</a></li>
    <li><a href="#">お問い合わせ</a></li>
  </ul>
</nav>
```

　　　　　　　　　　　　　　　　　　　　　　□ Sec095

```css
nav ul, nav li {
  margin: 0;
  padding: 0;
}
nav ul {
  display: flex;
  justify-content: space-around;
}
nav li {
  display: block;
}
nav a {
  padding: 0.5em;
  text-decoration: none;
  color: black;
}
nav a:hover {
  color: gray;
}
```

▶ 実行結果(ブラウザ表示)

ホーム	製品情報	会社案内	お問い合わせ

SECTION 096 CSS

画像を使ったグローバルメニューにする background-position

グローバルメニューの各項目を画像にする場合、項目ごとに個別に画像を作成する方法と、すべての項目を含んだ1枚の画像を作成する方法があります。1枚の画像にした場合は、項目ごとに表示位置をずらし、必要な部分だけが表示されるようにCSSで調整します。

≫ CSSスプライトのメニュー

ここで紹介する例で使用する画像は下の1枚だけです。この画像を各項目共通の背景画像にした上で、それぞれ必要な部分だけが表示されるようにしています。こうすることで、表示が切り替わるときに新しく画像を読み込む必要がなくなり、画像は常に瞬時に切り替わるようになります。この手法はCSSスプライトと呼ばれています。

要素/プロパティ

CSS **background-position: 横方向の位置 縦方向の位置;**

背景画像の表示位置をずらすには、background-positionプロパティを使用します。このプロパティについては、SECTION 117（P.218）で詳しく解説しています。各項目のテキストは、「text-indent: 100%;」から続く3行の指定で非表示にします。

```html
HTML                                              ▢ Sec096
<nav>
  <ul>
    <li id="item1"><a href="#">ホーム</a></li>
    <li id="item2"><a href="#">製品情報</a></li>
    <li id="item3"><a href="#">会社案内</a></li>
    <li id="item4"><a href="#">お問い合わせ</a></li>
  </ul>
</nav>
```

```css
nav { width: 640px; }
nav ul, nav li{
  margin: 0;
  padding: 0;
}
nav ul {
  list-style-type: none;
}
nav li {
  float:left;
  width: 160px;
  text-indent: 100%;
  white-space: nowrap;
  overflow: hidden;
}
nav a {
  display: block;
  height: 60px;
  background: url(navback.png) no-repeat;
}
#item1 a { background-position: 0 -60px; }
#item2 a { background-position: -160px -60px; }
#item3 a { background-position: -320px -60px; }
#item4 a { background-position: -480px -60px; }
#item1 a:hover { background-position: 0 0; }
#item2 a:hover { background-position: -160px 0; }
#item3 a:hover { background-position: -320px 0; }
#item4 a:hover { background-position: -480px 0; }
```

▶ 実行結果(ブラウザ表示)

スマートフォン向けのグローバルメニューをつくる display: block;

CSSで「display: block;」と指定することで、どの要素でも普通のブロックレベル要素の表示になります。スマートフォンはパソコンよりも表示幅が狭いので、リンクをブロックレベル要素の表示に変えて、縦に並べます。

≫ リンクをブロックレベル要素にして縦に並べる

要素/プロパティ

CSS **a { display: block; }**

a要素は初期状態ではインライン要素（フレージングコンテンツ）ですが、「display: block;」を指定すると、ブロックレベル要素の表示に変更できます。変更すると幅いっぱいに表示され、縦に並びます。同様に、li要素も「display: block;」を指定するとブロックレベル要素になり、マーカーが表示されなくなります。

HTML	Sec097

```html
<nav>
  <ul>
    <li><a href="#">ホーム</a></li>
    <li><a href="#">製品情報</a></li>
    <li><a href="#">会社案内</a></li>
    <li><a href="#">お問い合わせ</a></li>
  </ul>
</nav>
```

CSS	Sec097

```css
nav ul, nav li {
    margin: 0;
    padding: 0;
}
nav li, nav a {
    display: block;
}
nav a {
    margin-bottom: 0.5em;
    padding: 0.5em;
    text-decoration: none;
    color: black;
    background: #eeeeee;
}
```

▶ 実行結果（ブラウザ表示）

ホーム

製品情報

会社案内

お問い合わせ

第1章

第2章

第3章

第4章

第5章

第**6**章

リストやメニューをつくる

第7章

第8章

ハンバーガーメニューをつくる

ハンバーガーメニューとは、横線が縦に3本並んだ形状のアイコンをクリックやタップすると表示されるメニューのことです。ここでは、HTMLとCSSだけで実現できるハンバーガーメニューのつくり方を紹介します。

≫ ハンバーガーメニュー

ここで紹介するハンバーガーメニューは、アイコンをクリックすると、左側からスライドするようにメニューが表示されます。このサンプルのポイントは、擬似クラス「:checked」と結合子を使用して「チェックされている状態のときのみ、関連する要素に対して特定のCSSを適用している」ところです。たとえば「#hcheck:checked ~ #hclose {…}」のように指定することで、「チェックされている状態のチェックボックスよりもあとにある #hcloseの要素」だけを適用対象にできます。

HTML　　　　　　　　　　　　　　　　　　　　　　　□ Sec098

```
<div id="hmenu">
  <input id="hcheck" type="checkbox">
  <label id="hopen" for="hcheck"><img src="hicon.png" alt="メニュー"
width="34" height="28"></label>
  <label id="hclose" for="hcheck"></label>
  <nav>メニューの内容</nav>
</div>
```

CSS　　　　　　　　　　　　　　　　　　　　　　　　□ Sec098

```
#hmenu {
  padding: 12px;
  background: #e6e6e6;
}
#hcheck, #hclose { display:none; }
#hopen {
  display: block;
  width: 58px;
```

第1章
第2章
第3章
第4章
第5章
第6章 リストやメニューをつくる
第7章
第8章

```
  cursor: pointer;
}
#hopen img { display: block; }
#hclose, nav {
  position: fixed;
  left: 0;
  top: 0;
  height: 100%;
}
#hclose {
  z-index: 2;
  width: 100%;
  background: black;
  opacity: 0.5;
  transition: 0.5s;
}
nav {
  z-index: 3;
  width: 330px;
  background: white;
  transition: 0.5s;
  transform: translateX(-100%);
}
#hcheck:checked ~ #hclose { display: block; }
#hcheck:checked ~ nav {
  transform: translateX(0);
  box-shadow: 4px 0 12px rgba(0,0,0,0.4);
}
```

▶ 実行結果(ブラウザ表示)

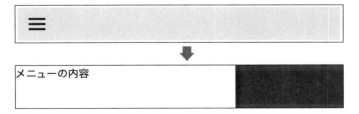

第1章

第2章

第3章

第4章

第5章

●リストやメニューをつくる　第6章

第7章

第8章

SECTION

099

Article

アコーディオンメニューをつくる

アコーディオンメニューとは、クリックやタップすることで、隠れていた項目が伸びるように出現するメニューのことです。ここでは、HTMLとCSSだけで実現できるアコーディオンメニューのつくり方を紹介します。

≫ アコーディオンメニュー

ここで紹介するアコーディオンメニューは、開いている状態と閉じている状態をチェックボックスを利用してつくります。チェックボックス自体は表示されませんが、それに関連付けたラベルをアコーディオンメニューの見出しのように常に表示させておき、そのラベルをクリックすることでチェックボックスのオンとオフを切り替えます。
今回の例では、チェックボックスがチェックされていないときは直後のul要素の高さを0にし、メニュー項目を非表示にしています。擬似クラス「:checked」を使用して、チェックされたときに通常の高さに戻しますが、その際にtransitionプロパティを使い、ul要素がアニメーションのように伸びて出現する設定にしています。

HTML　　　　　　　　　　　　　　　　　　　　　　　　　　　　　□ Sec099

```html
<aside>
  <label for="acm1">アコーディオンメニューA</label>
  <input type="checkbox" id="acm1">
  <ul>
    <li><a href="#">アコーディオンメニューAの項目1</a></li>
    <li><a href="#">アコーディオンメニューAの項目2</a></li>
    <li><a href="#">アコーディオンメニューAの項目3</a></li>
  </ul>
  <label for="acm2">アコーディオンメニューB</label>
  <input type="checkbox" id="acm2">
  <ul>
    <li><a href="#">アコーディオンメニューBの項目1</a></li>
    <li><a href="#">アコーディオンメニューBの項目2</a></li>
    <li><a href="#">アコーディオンメニューBの項目3</a></li>
  </ul>
</aside>
```

```css
aside {
  width: 400px;
}
label {
  display: block;
  cursor: pointer;
  padding: 0.8em;
  color: #ffffff;
  background: #999999;
  font-weight: bold;
}
input[type="checkbox"] {
  display: none;
}
ul {
  list-style: none;
  margin: 0 0 0.5em 0;
  padding: 0;
  height: 0;
  overflow: hidden;
  transition: height 0.6s;
}
#acm1:checked + ul,
#acm2:checked + ul{
  height: 6.2em;
}
li {
  margin: 0;
  padding: 0;
  line-height: 1;
}
a {
  display: block;
  text-decoration: none;
  padding: 0.8em 0.8em 0 0.8em;
  color: #000000;
```

●リストやメニューをつくる　第 6 章

```
  background: #eeeeee;
}
li:last-child a {
  padding-bottom: 0.8em;
}
```

▶ 実行結果(ブラウザ表示)

アコーディオンメニューA

アコーディオンメニューB

⬇

アコーディオンメニューA

アコーディオンメニューAの項目1
アコーディオンメニューAの項目2
アコーディオンメニューAの項目3

アコーディオンメニューB

⬇

アコーディオンメニューA

アコーディオンメニューAの項目1
アコーディオンメニューAの項目2
アコーディオンメニューAの項目3

アコーディオンメニューB

アコーディオンメニューBの項目1
アコーディオンメニューBの項目2
アコーディオンメニューBの項目3

第 7 章

画像を表示する

HTMLで表示できる画像の種類

HTMLで表示させる画像は、かつてはJPEG形式とGIF形式が主流でした。現在ではそれにPNG形式が加わり、さらにはSVG形式も使われるようになってきています。SVG形式はこの中では唯一のベクター形式の画像です。

》 画像形式の種類と特徴

HTMLで画像を表示させる場合、現在では主にJPEG形式、PNG形式、GIF形式、SVG形式の4種類が使用されています。形式によって表現可能な色数や圧縮の方式、ファイルの容量などが異なります。それぞれの特徴を把握した上で最適な形式を選択して、画像を保存しましょう。

一般的に、写真やグラデーションを含む画像は、JPEG形式で保存するのが適しています。逆に、シンプルなイラストや色数の少ない画像は、PNG形式での保存が向いています。GIF形式は、最大で256色しか表現できない形式ですが、アニメーションを表示できます。SVG形式は上記の4種類の中では唯一のベクター形式で、画像をどれだけ拡大しても、画質が劣化しないのが特徴です。SVG形式については、第8章で詳しく解説しています。

》 JPEG形式

JPEGはJoint Photographic Experts Groupの略で、「ジェイペグ」と読みます。拡張子は「.jpg」または「.jpeg」が使われています。表現可能な色数は約1670万色と多めですが、画像の一部を透明や半透明にすることはできません。保存時に圧縮率を選択できますが、非可逆圧縮（圧縮すると元の状態と全く同じものには戻せない圧縮方式）なので、圧縮すればするほど画質は劣化します。

JPEG形式は、連続して色が変化する写真やグラデーションに適した形式です。そのため、輪郭のはっきりとしたイラストなどをJPEG形式で保存すると、ぼやけてしまう場合があります。そのような画像は、PNG形式などで保存する方が適切です。

≫ PNG形式

PNGはPortable Network Graphicsの略で、「ピング」と読みます。拡張子は「.png」です。表現可能な色数は、JPEGと同じく約1670万色（PNG-24の場合）で、画像の一部を透明にしたり半透明にすることも可能です。可逆圧縮の形式なので、圧縮によって画質が劣化することはありません。ただし、同じ画像を同じ圧縮率で保存した場合、たいていはJPEG形式よりもファイル容量が大きくなります。特に、写真のように複雑で色数の多い画像をPNG形式で保存すると、容量がかなり増えてしまうので注意してください。

先述の理由もあり、この形式はシンプルで比較的色数の少ないイラストやロゴ画像などの保存に適しています。

≫ GIF形式

GIFはGraphics Interchange Formatの略で、「ジフ」と読みます。拡張子は「.gif」です。表現可能な色数は最大で256色ですが、画像の一部を透明にすることができます。圧縮の形式は可逆圧縮となっています。この形式の場合、全く同じ内容の画像であってもPNG形式の画像よりも容量が大きくなる傾向があります。

また、現在では使う場面が少なくなってしまいましたが、この形式にはアニメーション画像（アニメーションGIF）が作成できるという特徴があるので、かんたんなアニメーションを作成して表示したい場合には活用できます。

第1章
第2章
第3章
第4章
第5章
第6章
●画像を表示する 第7章
第8章

ページ内に画像を表示する
\<img\>

画像はHTMLで表示する方法と、CSSで表示する方法があります。その画像がコンテンツの一部である場合はHTMLの\<img\>を使用し、背景として表示させるのであれば、CSSのbackground関連プロパティを使用してください。

» コンテンツとして表示させる画像

要素/プロパティ

HTML **\<img src="画像のパス" alt="代替テキスト"\>**

HTMLで画像を表示させるには、\<img\>タグを使用します。\<img\>は開始タグだけで使用するタグで、画像のパスをsrc属性で指定すると、その画像が表示されます。ただし、画像は状況や環境によっては表示されないことがあるため、画像の代わり(フォールバック)として使用するテキスト(代替テキスト)もalt属性で指定しておく必要があります。src属性は必須、alt属性は特別な条件の場合に限り省略可能ですが、この2つの属性は基本的にセットで指定します。CSSのbackground関連プロパティで画像を表示させる場合は、alt属性のようなフォールバックは指定できません。

HTML   📄 Sec101_1

```
<img src="images/onigiri.jpg" alt="こだわりのポークたまごおにぎり">
```

▶ 実行結果(ブラウザ表示)

》 画像の表示幅と高さを指定する属性

要素/プロパティ

HTML `<img src="~" alt="~" width="幅" height="高さ">`

\<img\>には、画像を表示させる際の幅と高さを設定する、次のような属性が用意されています。指定可能な値は正の整数で、単位は付けずにピクセル数を指定します。これらの属性を指定しない場合、ビットマップ形式(画像を点の集合であらわす形式)の画像は、実際のピクセル数に合わせて実サイズで表示されます。

width	表示させる幅をピクセル数で指定
height	表示させる高さをピクセル数で指定

HTML　　　　　　　　　　　　　　　　　　　　　　　　　□ Sec101_2

```
<img src="images/onigiri.jpg" alt="こだわりのポークたまごおにぎり"
width="300" height="225">
<img src="images/onigiri.jpg" alt="こだわりのポークたまごおにぎり"
width="150" height="113">
```

▶ 実行結果(ブラウザ表示)

画像を表示させる際の幅と高さは、CSSでも指定可能です。HTMLとCSSの両方で幅や高さが指定されている場合、CSSの指定が優先して適用されます。CSSではピクセル数以外にも、様々な単位を付けて幅や高さを指定できます。

SECTION
102
CSS

画像を縮小して表示する
width

CSSで画像の幅を指定するには、widthプロパティを使用します。値には様々な単位を付けた数値が指定できます。幅だけ指定すると、高さは自動的に元の縦横の比率を保ったサイズに調整されます。

≫ 画像の表示幅を指定

要素/プロパティ

CSS **width: 表示させる幅;**

CSSで幅を指定するにはwidthプロパティ、高さを指定するにはheightプロパティを使用します。次の例では画像に指定していますが、画像に限らず、見出しや段落でも指定可能です。画像の場合は、幅だけを指定すると高さもそれに合わせて同じ比率で自動的に調整されます。値には単位付きの数値が指定できます。

HTML　　　　　　　　　　　　　　　　　　　　　□ Sec102
```
<img src="onigiri.jpg" alt="こだわりのポークたまごおにぎり">
<img src="onigiri.jpg" alt="こだわりのポークたまごおにぎり">
```

CSS　　　　　　　　　　　　　　　　　　　　　　□ Sec102
```
img:first-child { width: 300px; }
img:last-child { width: 150px; }
```

▶ 実行結果(ブラウザ表示)

第1章
第2章
第3章
第4章
第5章
第6章
第7章 ●画像を表示する
第8章

画像の隣にテキストを回り込ませる
float: left; float: right;

floatプロパティは、指定した要素を左また右に寄せて配置し、後続の要素をその横に回り込ませるプロパティです。これが本来の使い方ですが、かつては要素を横に並べる方法として活用されていました。

≫ 画像を寄せる方向を指定

要素/プロパティ

CSS **float: 寄せる方向;**

<img>に対して「float: left;」を指定すると、その画像は左に寄せて配置され、右側に後続の要素（テキストなど）が回り込みます。このとき、画像が最初から左側にあった場合は、単純に後続の要素が右側に回り込んだように見えます。「float: right;」を指定すると、その画像は右に寄せて配置され、左側に後続の要素が回り込みます。このプロパティの詳しい使い方は、SECTION 170（P.303）で解説しています。

HTML 📄 Sec103

```
<p>
<img src="coral.jpg" alt="光るサン
ゴ水槽の写真">その水族館には深層の海
のコーナーがあり、立ち寄ってみると光る
魚やサンゴなどが展示されていた。
</p>
<p>
同じ光るサンゴであっても、
〜中略〜
</p>
```

CSS 📄 Sec103

```
img { float: right; }
```

▶ **実行結果（ブラウザ表示）**

その水族館には深層の海のコーナーがあり、立ち寄ってみると光る魚やサンゴなどが展示されていた。

同じ光るサンゴであっても、自ら発光するものと深海のわずかな光を反射させて光るものとがあることが知られている。具体的にどのサンゴがどちらのタイプなのかは現地では知ることができなかったが、その後調べてみて面白いことがわかった。

第 1 章
第 2 章
第 3 章
第 4 章
第 5 章
第 6 章
●画像を表示する 第 7 章
第 8 章

SECTION
104
CSS

画像に枠線を付ける
border-style

画像を含む各種要素には、枠線（境界線）を表示させることができます。初期状態では線がありませんが、border-styleプロパティで線種を指定すると、その指定に応じた枠線が表示されるようになります。

≫ 線の種類を指定

要素/プロパティ

CSS **border-style: 線種;**

border-styleプロパティは、枠線の種類を指定するプロパティです。線種には次のキーワードのいずれかが指定できます。

solid	実線
double	2重線
dotted	点線
dashed	破線
groove	溝になっているような線
ridge	盛り上がっているような線
inset	線で囲われている範囲内が低く見える線
outset	線で囲われている範囲内が高く見える線
none	なし（表の線で競合した場合はほかの線種が優先）
hidden	なし（表の線で競合した場合はこの指定が優先）

HTML　　　　　　　　　　□ Sec104_1

```
<img src="castle.jpg" alt="城の写真
">
```

CSS　　　　　　　　　　□ Sec104_1

```
img { border-style: solid; }
```

▶ 実行結果（ブラウザ表示）

» 上下左右に異なる線種を指定

要素/プロパティ

CSS **border-style: 線種 線種 線種 線種;**

border-styleプロパティには、最大4個までの値を半角スペースで区切って指定で
きます。指定した値の個数に応じて、線種は上下左右の次の位置に適用されます。

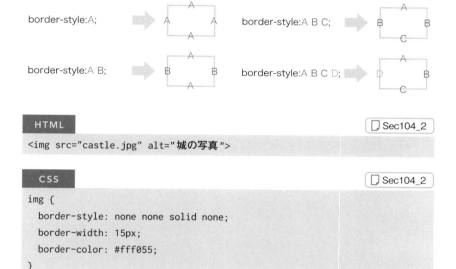

HTML　　　　　　　　　　　　　　　　　　　　□ Sec104_2

```
<img src="castle.jpg" alt="城の写真">
```

CSS　　　　　　　　　　　　　　　　　　　　□ Sec104_2

```
img {
  border-style: none none solid none;
  border-width: 15px;
  border-color: #fff055;
}
```

▶ 実行結果(ブラウザ表示)

SECTION 105

CSS

画像を円形に切り抜いて表示する border-radius

border-radiusプロパティを使用すると、ボックスの角を丸くすることができます。角をどれだけ丸くするかは、丸くなった角部分を1/4の円として見たときの半径で指定します。この仕様により、正方形のボックスの50%を半径として指定するとボックスは円形になります。

》 角の丸さを指定

要素/プロパティ

    CSS **border-radius: 半径;**

角を丸くして表示するときは、角丸部分を円の1/4（右の図の赤い領域の部分）であると考えたときの「半径」で指定します。半径の値は、単位付きの数値または％を付けた数値で指定できます。

HTML　　　　　　　　　　　　　Sec105_1

```
<p>角を丸くするプロパティ</p>
```

CSS　　　　　　　　　　　　　Sec105_1

```
p {
    padding: 10px;
    border-radius: 20px;
    width: 300px;
    height: 200px;
    color: white;
    background-color: red;
}
```

▶ **実行結果（ブラウザ表示）**

角を丸くするプロパティ

≫ 上下左右の角に異なる丸みを指定

要素/プロパティ

CSS **border-radius: 半径 半径 半径 半径;**

border-radiusプロパティには、最大4個までの値を半角スペースで区切って指定できます。指定した値の個数により、値がどの角に適用されるのかは決まっています。

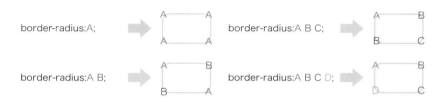

≫ 角を丸くして円形にする

要素/プロパティ

CSS **border-radius: 50%;**

border-radiusプロパティの値として「50%」を指定すると、辺の表示領域がなくなって1/4の円が4つ集まった状態になり、円として表示されます。この指定により、画像を円形に切り抜いて表示させることができます。

HTML ☐ Sec105_2

```html
<img src="orchid.jpg" alt="サギソウ
の花">
```

CSS ☐ Sec105_2

```css
img {  border-radius: 50%; }
```

▶ **実行結果(ブラウザ表示)**

SECTION
106
CSS

画像の上に別の画像や文字を重ねる position: absolute;

positionプロパティの値にabsoluteを指定した要素は、現在のレイヤーとは別のレイヤーに表示されるようになり、上下左右からの距離を指定して自由な位置に配置できるようになります。

》 画像の上に画像を重ねる

要素/プロパティ

CSS	**position: relative;**
CSS	**position: absolute;**
CSS	**top: 上からの位置;**
CSS	**left: 左からの位置;**

「position: relative;」を指定した要素は、現在の位置から相対的にずらして配置できます。ずらす距離は、top，bottom，left，rightのいずれかのプロパティを使用して指定します。topなら上から下方向、bottomなら下から上方向、leftなら左から右方向、rightなら右から左方向へとずらす距離を単位を付けた数値で指定します。「position: absolute;」を指定した要素は、現在のレイヤー(表示階層) から取り除かれ、階層が上の別のレイヤーに表示されます。配置する位置の指定には、「position: relative;」と同様にtopプロパティなどが使用できますが、初期状態ではページ全体の上下左右からの距離になります。配置の基準となる領域をページ全体ではなく特定の要素にしたいときは、基準となる要素に「position: relative;」を指定します。

次の例では、右の2つの画像を重ねて表示しています。HTMLではdiv要素の中にimg要素を2個入れ、CSSではdiv要素に「position: relative;」を指定し、配置の基準領域にします。class属性の値に「banner」を指定している画像に「position: absolute;」を指定して別レイヤーに表示させ、「top: 0;」「left: 0;」を指定すると、div要素の左上に配置できます。

注文数No.1

第1章
第2章
第3章
第4章
第5章
第6章
第7章 ●画像を表示する
第8章

```
HTML                    Sec106_1
<div>
  <img src="misonikomi.jpg" alt="
味噌煮込み">
  <img class="banner" src="no1.png"
alt="注文数No.1">
</div>
```

```
CSS                     Sec106_1
div {
  position: relative;
}
.banner {
  position: absolute;
  top: 0;
  left: 0;
}
```

▶ 実行結果（ブラウザ表示）

》 画像の上に文字を重ねる

次の例では、画像の上に文字を重ねて表示しています。文字を中央揃えにするため、
div要素の幅を画像と同じ幅にしています。

```
HTML                    Sec106_2
<div>
  <img src="goheymochi.jpg" alt="
五平餅">
  <p>中部地方の伝統の味</p>
</div>
```

```
CSS                     Sec106_2
div {
  position: relative;
  width: 360px;
}
p {
  position: absolute;
  top: 85px;
  width: 360px;
  text-align: center;
  color: white;
  font: bold 1.4em serif;
}
```

▶ 実行結果（ブラウザ表示）

SECTION 107

CSS

画像をマウスポインターに設定する
cursor: url();

要素の上にマウスポインターをのせたときに、その形状を変更することができます。画像を指定してオリジナルのマウスポインターに変更できるほか、30種類以上のキーワードを使って、あらかじめ用意されている形状に変更することもできます。

》 マウスポインターをキーワードで変更する

要素/プロパティ

CSS cursor: 形状のキーワード;

cursorプロパティの値に、次のキーワードを指定すると、表示されるマウスポインターを変更できます。「none」を指定すると、マウスポインターの表示が消えます。元の状態に戻すには、「auto」を指定します。以下はMacでの表示例です。

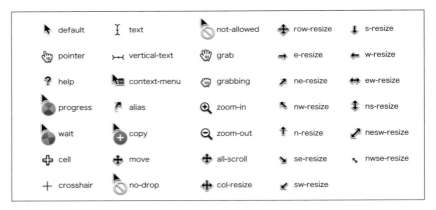

HTML	🗋 Sec107_1

```
<p>
文字の上にマウスポインターをのせると
<br>
形状が「？」に変わります。
</p>
```

CSS	🗋 Sec107_1

```
p { cursor: help; }
```

▶ **実行結果（ブラウザ表示）**

> 文字の上にマウスポインターをのせると
> 形状が「？」に変わります。

》 画像をマウスポインターにする

要素/プロパティ

> **CSS** **cursor: url(画像のパス) x座標 y座標, 形状のキーワード;**

cursorプロパティの値には、「url（画像のパス）」の書式で画像を指定することもできます。その際、マウスポインターの指す位置（矢印であればその先端、手であれば指の先など）を調整するために「x座標」「y座標」の順で座標を指定します。なお、画像の左上がx座標0、y座標0（0 0）になります。座標を指定しない場合は、「0 0」が指定されているものとして処理されます。

画像はカンマで区切っていくつでも指定でき、先に指定した画像ほど優先して表示されます。何らかの理由で画像が表示できない可能性も考え、最後には必ずキーワードを指定してください。画像はPNGやSVGが指定できるほか、CSSで利用可能なほかの画像フォーマットも使用できます。ただし、古いブラウザでは「.cur」または「.ani」の形式にしか対応していないものもあります。

HTML	📄 Sec107_2

```
文字の上にマウスポインターをのせると
<br>
リアルな手に変わります。
```

CSS	📄 Sec107_2

```
p { cursor: url(hand.png) 7 2,
pointer; }
```

▶ **実行結果（ブラウザ表示）**

> 文字の上にマウスポインターをのせると
> リアルな手に変わります。

SECTION
108
CSS

画像をトリミングして表示する
object-fit

画像や動画は、指定した幅と高さに単純に伸び縮みするだけでなく、指定サイズの領域内で縦横比を変えずに全体を表示させたり、隙間が生じない状態にして一部をトリミングして表示させたりもできます。

≫ 大きさを自動で調整

要素/プロパティ

CSS object-fit: cover;

widthプロパティとheightプロパティで元の縦横比とは異なるサイズを指定すると、表示される画像の縦横比も変わってしまい、いずれかの方向に引き伸ばされたような表示になってしまいます。画像に対して「object-fit: cover;」を指定すると、縦横比は変更せずに、指定された領域を隙間なく埋める大きさに自動調整して、余った部分はトリミングした状態で表示させることができます。次ページの例では、次のような縦長と横長の画像を順に表示させています。

CSSでは縦横200ピクセルにして正方形で表示させていますが、「object-fit: cover;」が指定されているので、隙間がない状態になるまで拡大または縮小され、余った部分はトリミングされた状態で表示されています。

HTML	📄 Sec108_1

```html
<img src="tate.jpg" alt="縦長の画像
">
<img src="yoko.jpg" alt="横長の画像
">
```

CSS	📄 Sec108_1

```css
img {
    width: 200px;
    height: 200px;
    object-fit: cover;
}
```

▶ 実行結果(ブラウザ表示)

≫ どのパターンでフィットさせるのかを指定

要素/プロパティ

CSS object-fit: キーワード;

object-fitプロパティは、指定されたサイズの領域の中で、画像や動画をどのパターンでフィットさせて表示するのかを設定します。次の5種類のキーワードのうち、どれか1つが指定できます。縦横比が変わるのは初期値の「fill」だけです。

fill	画像を引き伸ばしたり縮めたりして指定された大きさにする。縦横比は維持されない
cover	縦横比を維持したまま、指定されたサイズの領域全体を隙間なく埋める(最小の)大きさにする
contain	縦横比を維持したまま、指定されたサイズの領域内で画像全体が表示される(最大の)大きさにする
none	画像は引き伸ばしたり縮めたりせずに元の大きさのままで指定されたサイズ内に表示する
scale-down	値「contain」と「none」のうちの小さくなる方で表示する

203

```html
<img src="cat.jpg" alt="招き猫">
<br>
<img class="objfit" id="fill" src="cat.jpg" alt="招き猫">
<img class="objfit" id="cover" src="cat.jpg" alt="招き猫">
<br>
<img class="objfit" id="contain" src="cat.jpg" alt="招き猫">
<img class="objfit" id="none" src="cat.jpg" alt="招き猫">
<img class="objfit" id="scale-down" src="cat.jpg" alt="招き猫">
```

```css
.objfit {
  width: 200px;
  height: 200px;
  border: 3px solid red;
}
#fill       { object-fit: fill; }
#cover      { object-fit: cover; }
#contain    { object-fit: contain; }
#none       { object-fit: none; }
#scale-down { object-fit: scale-down; }
```

▶ 実行結果（ブラウザ表示）

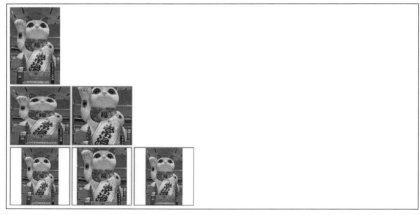

撮影場所：イオンモール常滑

204

第 8 章

画像、音声、動画を埋め込む

SVG画像ってなに?

SVGは、データがXMLで記述されているベクター形式の画像です。いくら拡大してもジャギー（ギザギザ）が目立つことはなく、高画素密度ディスプレイで表示させてもぼやけることなく常にきれいに表示されます。

》 SVGとは

SVGとは Scalable Vector Graphics(スケーラブル・ベクター・グラフィックス) の略で、直訳すると「拡大縮小可能なベクター図形」という意味になります。SVGはHTMLやCSSの仕様を策定してきた団体「W3C」による、標準的な画像フォーマットです。

データはXML(Extensible Markup Language) で記述されているため、テキストエディタで編集できます。また、データをHTML文書内に直接書き込んだり、画像内にリンクを埋め込んだり、JavaScriptと連携させることも可能です。ほかの形式の画像と同じように、img要素や CSSのbackground-imageプロパティなどで表示させることも可能です。

》 SVGの特徴

Webページで多く使われているJPEG，PNG，GIFがビットマップ形式の画像であるのに対し、SVGはベクター形式の画像です。そのため、SVG画像はどれだけ拡大してもジャギーが出ることはなく、Retinaディスプレイのような高画素密度ディスプレイで表示させてもぼやけず表示されます。したがって、出力先の解像度に合わせて複数の画像を用意する必要はありません。また、SVGは透過やアニメーションにも対応しています。

ただし、SVGはどのような画像にでも向いているというわけではありません。SVGは直線や曲線の組み合わせによる図形の描画に向いた画像フォーマットであり、写真のようなデータを保存するのであれば、やはりJPEGの方が適しています。

SVG画像を直接埋め込む
\<svg\>

SVGはXMLで記述された要素でもあるため、HTMLの要素の1つとして、そのままHTML文書内に埋め込むことができます。要素のカテゴリーでは、フローコンテンツ、フレージングコンテンツ、エンベディッドコンテンツに該当します。

》 SVG画像

要素/プロパティ

HTML **\<svg … \> ～ \</svg\>**

SVG画像の中身はXMLであり、svg要素でもあります。そのため、HTMLの中に要素として直接配置することが可能で、HTML内では\<img\>とほぼ同様に扱うことができます。ただし、\<svg\>には終了タグがあり、要素内容として多くのタグが含まれます。

svg要素のタグは、シンプルな図形であれば手書きも可能ですが、一般的にはツールを使用して描いた図形をSVG形式で出力して使用します。

HTML　　　　　　　　　　　　　　　　　　　　　🗋 Sec110

```
<body>
<svg xmlns="http://www.w3.org/2000/svg" width="50" height="50" viewBox="0
0 24 24" fill="none" stroke="#999999" stroke-width="2" stroke-
linecap="round" stroke-linejoin="round">
<line x1="3" y1="6" x2="21" y2="6"></line>
<line x1="3" y1="12" x2="21" y2="12"></line>
<line x1="3" y1="18" x2="21" y2="18"></line>
</svg>
</body>
```

▶ 実行結果(ブラウザ表示)

第1章

第2章

第3章

第4章

第5章

第6章

第7章

●画像、音声、動画を埋め込む

第8章

HTMLで使用できる音声データと動画データ

音声用の\<audio>も動画用の\<video>も、未対応の環境に備えて複数の形式のデータを指定できるようになっています。先に指定したものほど優先して表示されます。音声用としてはMP3形式、動画用としてはMP4形式がもっとも多くの環境でサポートされています。

» MP3形式（音声データ）

MP3（エムピースリー）は MPEG-1 Audio Layer-3 の略称で、現時点でもっとも多くのブラウザでサポートされている音声データのフォーマットです。一般的なブラウザはほぼすべて対応しています。拡張子には「.mp3」が使用されています。

非可逆圧縮方式を採用し、圧縮率も高いため、iPodなどのデジタルオーディオプレーヤーのフォーマットとして広く普及しました。1990年代から現在まで使い続けられている、インターネットで音声データを扱う際の基本フォーマットとなっています。

» AAC形式（音声データ）

AAC（エーエーシー）は「Advanced Audio Coding」の略称で、MP3の後継となる非可逆圧縮のフォーマットです。同程度のビットレート、特に低ビットレートではMP3よりも音質が良く、データも小さくできるため、音楽配信などにおいて広く利用されています（AppleのiTunesやiPodがこのフォーマットを採用したことが普及のきっかけとなったようです）。拡張子には「.aac」「.m4a」「.mp4」「.3gp」など多くの種類が使用されています。

ブラウザの対応状況は、2020年1月現在でFirefoxが部分的なサポートに留まっていますが、それ以外の一般的なブラウザではほぼ問題なく利用可能です。

第1章
第2章
第3章
第4章
第5章
第6章
第7章

●画像、音声、動画を埋め込む

第8章

≫ WAV形式（音声データ）

WAV（ウェーブ）はマイクロソフトとIBMによって開発されたフォーマットで、古くからWindows環境で使用されてきました。拡張子には「.wav」が使用されています。
データを圧縮せずに格納することが多く、CDレベルの高音質で保存可能なフォーマットではありますが、ファイル容量が極端に大きくなってしまうという欠点があります。ただし、圧縮したデータを格納することも可能です。
ブラウザの対応状況は、Internet Exploler はこのフォーマットをサポートしていませんでしたが、比較的新しいブラウザではあればほぼ問題なく対応しています。

≫ MP4形式（動画データ）

MP4（エムピーフォー）は、音声データにおけるMP3のように動画データにおいてもっとも多くのブラウザでサポートされているフォーマットで、拡張子には一般に「.mp4」が使用されています。「.m4v」「.m4a」「.m4p」はAppleの製品で使用される拡張子で、そのような拡張子のデータには標準化されていない技術が含まれている場合があります。

≫ WebM形式（動画データ）

WebM（ウェブエム）は、HTML5のvideo要素で使用されることを想定してGoogleが開発した、オープンな動画フォーマットです。拡張子には「.webm」が使用されています。
ブラウザの対応状況は、macOSとiOSのSafariが部分的な対応に留まっているほか、Internet Explorerも基本的には未対応となっています。

第1章

第2章

第3章

第4章

第5章

第6章

第7章

●画像、音声、動画を埋め込む

第8章

音声を埋め込む
\<audio\>

Webページに音声データを埋め込むには、\<audio\>を使用します。\<img\>と同様にデータは src属性で指定しますが、\<audio\>には終了タグも必要となる点に注意してください。要素内容は、\<audio\>に未対応の環境でのみ表示されます。

≫ 音声が再生できるようにする

要素/プロパティ

HTML **\<audio src="音声データのパス"\>\</audio\>**

\<img\>でWebページ内に画像を埋め込むことができたように、\<audio\>で音声データを埋め込むことが可能です。次に説明する\<source\>を使って複数の形式のデータを指定しない場合は、src属性を使用して音声データのパスを指定します。

\<img\>と違い、\<audio\>には終了タグが必要です。\<audio\>に未対応のブラウザでは、要素内容が表示されます。そのため、未対応のブラウザ向けのコンテンツ（音声データへのリンクなど）を要素内容として入れてください。

\<audio\>には次の属性が指定できます。新しいブラウザでは、そのままの状態では自動再生ができないものが増えてきています。ユーザー自身で再生や停止などの制御ができるようにするには、controls属性を指定してください。

src	音声データのパス
controls	再生ボタンや停止ボタン、ボリュームのスライダーなどを表示させる（値不要）
autoplay	自動再生させる（値不要）
loop	再生を繰り返させる（値不要）
muted	デフォルトで音の出ない状態にする（値不要）
preload	事前にデータをロードするかどうかの指示（none/auto/metadata）

HTML　　　　　　　　　　　　　　　　　　　　　　　　　　　　Sec112_1

```
<audio src="mysong.mp3" controls></audio>
```

▶ 実行結果（ブラウザ表示）

```
▶  0:00 / 0:15  ━━━━━━━━  ◀
```

≫ <source>を使って複数の形式のデータを指定

要素/プロパティ

> **HTML** `<audio><source src="パス1"><source src="パス2">…</audio>`

音声データは、ブラウザによって対応フォーマットが異なります。そのため複数のフォーマットのデータを用意しておき、対応しているものを再生できるように、<source>が用意されています。

<source>タグを使用して複数の音声データを指定する場合は、<audio>にsrc属性は指定できません。src属性は<source>側にのみ指定します。その際、データのフォーマットが明確になるように、type属性でMIMEタイプを指定しておくことができます。複数のデータが指定されている場合、より前に指定されているデータで、その環境で再生可能なものが使われます。古いブラウザ向けに何らかのコンテンツを入れておきたい場合は、必ず<source>よりもあとに入れるようにしてください。

HTML 〔📄 Sec112_2〕

```html
<audio controls>
  <source src="mysong.aac" type="audio/aac">
  <source src="mysong.mp3" type="audio/mpeg">
</audio>
```

▶ 実行結果（ブラウザ表示）

```
▶  0:00 / 0:15  ━━━━━━━━  ◀
```

第1章
第2章
第3章
第4章
第5章
第6章
第7章

● 画像、音声、動画を埋め込む

第8章

動画を埋め込む
\<video\>

Webページに動画データを埋め込むには、\<video\>を使用します。映像を表示する領域が確保される点を除けば、タグの使い方は\<audio\>とほぼ同じで、指定可能な属性の多くが共通しています。

》 動画が再生できるようにする

要素/プロパティ

HTML **\<video src="動画データのパス"\>\</video\>**

\<video\>はWebページに動画データを埋め込むためのタグです。動画データのパスはsrc属性で指定します。要素内容を入れる場合は、このタグに未対応のブラウザ向けのコンテンツ（動画データへのリンクなど）を入れます。\<video\>に対応しているブラウザでは、要素内容は表示されません。

\<video\>には次の属性が指定できます。ブラウザによっては、初期設定では自動再生ができないものや、音声が流れる状態では自動再生できないものがあります。ユーザー自身で再生や停止などの制御ができるようにするには、controls属性を指定してください。

src	動画データのパス
controls	再生ボタンや停止ボタン、ボリュームのスライダーなどを表示させる（値不要）
autoplay	自動再生させる（値不要）
loop	再生を繰り返させる（値不要）
muted	デフォルトで音の出ない状態にする（値不要）
preload	事前にデータをロードするかどうかの指示（none/auto/metadata）
poster	動画が再生可能となるまでの間に表示させておく画像のパス
width	表示させる幅をピクセル数で指定
height	表示させる高さをピクセル数で指定

第1章
第2章
第3章
第4章
第5章
第6章
第7章
●画像、音声、動画を埋め込む
第8章

HTML

```
<video src="jellyfish.mp4" controls
width="450"></video>
```

Sec113_1

▶ **実行結果（ブラウザ表示）**

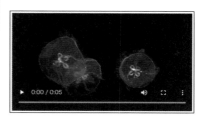

▶ 0:00 / 0:05

» <source>を使って複数の形式のデータを指定

要素/プロパティ

HTML **<video><source src="パス1"><source src="パス2"> …**
</video>

動画データは、ブラウザによって対応フォーマットが異なります。そのため複数のフォーマットのデータを用意しておき、対応しているものを再生できるように、<source>タグが用意されています。

<source>を使用して複数の動画データを指定する場合は、<video>にsrc属性を指定できません。src属性は<source>側にのみ指定してください。その際、データのフォーマットが明確になるように、type属性でMIMEタイプを指定できます。複数のデータが指定されている場合、より前に指定されているデータで、その環境で再生可能なものが使われます。古いブラウザ向けに何らかのコンテンツを入れる場合は、必ず<source>よりもあとに入れるようにしてください。

HTML

Sec113_2

```
<video controls width="450">
  <source src="jellyfish.webm"
type="video/webm">
  <source src="jellyfish.mp4"
type="video/mp4">
</video>
```

▶ **実行結果（ブラウザ表示）**

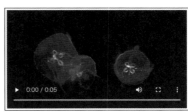

▶ 0:00 / 0:05

第1章
第2章
第3章
第4章
第5章
第6章
第7章

●画像、音声、動画を埋め込む

SECTION
114
CSS

背景画像を表示する
background-image

ボックスの背景として画像を表示させるには、background-imageプロパティを使用します。画像のパスは、url( ) という関数形式の書式で指定します。背景には複数の画像を表示させることも可能です。

≫ 背景画像のパスを指定

要素/プロパティ

CSS **background-image: url(画像のパス);**

CSS **background-image: url("画像のパス");**

background-imageプロパティは、ボックスに背景画像を表示させるプロパティです。任意の要素に背景画像を表示できます。CSSでは、画像のパスは url( ) という関数形式の書式で指定します。画像のパスは引用符で囲っても問題ありません。

下の例では、次の画像を背景画像として使用しています。背景画像が縦横に繰り返し表示されていますが、これはbackground-repeatプロパティで制御できます。

CSS 　　　　　　　　　　　　　　　　　　　　　　　　　　　　□ Sec114

```
body { background-image: url(dot.png); }
```

▶ 実行結果(ブラウザ表示)

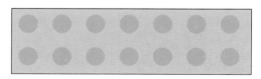

なお、背景画像はカンマで区切って複数指定できます。先(左側) に指定している画像ほど、上に重なって表示されます。

214

SECTION 115
CSS

背景画像の位置を固定する
background-attachment

背景画像は、初期状態だとコンテンツとともにスクロールします。background-attachment プロパティを使用することで、背景画像だけを表示領域に固定して動かないようにすることができます。

≫ 背景画像を表示領域に固定する

要素/プロパティ

> CSS **background-attachment: fixed;**

background-attachmentプロパティの値として「fixed」を指定すると、その背景画像は表示領域（ビューポート）に対して固定され、コンテンツがスクロールしても動かなくなります。

HTML	📄 Sec115

```
<p>これは1番目の段落の文章です</p>
～中略～
<p>これは9番目の段落の文章です</p>
```

CSS	📄 Sec115

```
body {
    background-image: url(cloud.jpg);
    background-attachment: fixed;
}
```

▶ 実行結果（ブラウザ表示）

第 1 章

第 2 章

第 3 章

第 4 章

第 5 章

第 6 章

第 7 章

●画像、音声、動画を埋め込む

第 8 章

215

SECTION

116

CSS

背景画像を繰り返し表示する
background-repeat

背景画像をどの方向に繰り返して表示させるか、あるいは繰り返さないで表示させるかは、background-repeatプロパティで設定できます。初期値は縦横に繰り返す「repeat」となっています。

≫ 背景画像を横方向にのみ繰り返させる

要素/プロパティ

CSS background-repeat: repeat-x;

background-repeat プロパティにキーワード「repeat-x」を指定すると、背景画像は横方向にのみ繰り返して表示されるようになります。

CSS 　　　　　　　　　　　　Sec116_1

```css
body {
  background-image: url(dot.png);
  background-repeat: repeat-x;
}
```

▶ 実行結果（ブラウザ表示）

≫ 背景画像を縦方向にのみ繰り返させる

要素/プロパティ

CSS background-repeat: repeat-y;

background-repeat プロパティにキーワード「repeat-y」を指定すると、背景画像は縦方向にのみ繰り返して表示されるようになります。

CSS 　　　　　　　　　　　　Sec116_2

```css
body {
  background-image: url(dot.png);
  background-repeat: repeat-y;
}
```

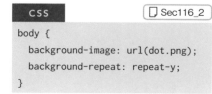

▶ 実行結果（ブラウザ表示）

≫ 背景画像をタイル状に繰り返させる

要素/プロパティ

CSS **background-repeat: repeat;**

background-repeatプロパティにキーワード「repeat」を指定すると、背景画像はタイル状に繰り返して表示されるようになります。この値は初期値のため、background-repeatプロパティを指定しない場合、背景画像は縦横に繰り返し表示されます。

CSS 　　　　　　　　☐ Sec116_3

▶ **実行結果(ブラウザ表示)**

≫ 背景画像を繰り返さずに表示させる

要素/プロパティ

CSS **background-repeat: no-repeat;**

background-repeatプロパティにキーワード「no-repeat」を指定すると、背景画像は繰り返さずに表示されます。表示される位置は、background-positionプロパティで設定可能です。

CSS 　　　　　　　　☐ Sec116_4

▶ **実行結果(ブラウザ表示)**

●画像、音声、動画を埋め込む

背景画像を表示する位置を指定する background-position

背景画像は、特に表示位置が指定されていなければ左上に配置されます。背景画像を繰り返して配置する際には、その位置を基準にして縦横に並べられます。この基準となる表示位置を変更するには、background-positionプロパティを使用します。

》 表示位置をキーワードで指定

要素/プロパティ

> **CSS** background-position: キーワード キーワード;

背景画像の表示位置を指定するもっともかんたんな方法は、left，right，center，top，bottomというキーワードの中から2つを、半角スペースで区切って指定する方法です。なお、指定する順番は自由です。「left top」なら左上に表示され、「right bottom」なら右下に表示されます。

値を1つしか指定しなかった場合は、もう一方に「center」が指定されているものとして処理されます。そのため、次の例では「center center」と値を2つ指定していますが、「center」を1つだけ指定しても表示結果は同じです。

CSS　　　　　　　　　　　□ Sec117_1

```css
html, body { height: 100%; }
body {
  background-image: url(kame.png);
  background-repeat: no-repeat;
  background-position: center
center;
}
```

▶ **実行結果（ブラウザ表示）**

》 表示位置を%で指定

要素/プロパティ

> **CSS** background-position: ○% ○%;

背景画像の表示位置は％でも指定できます。％の場合は、1つ目の値が横方向の位置、2つ目の値が縦方向の位置になります。背景画像を表示させる領域の左上を起点として、横方向の位置は「領域の左からその％までの位置」と「背景画像の左からその％までの位置」が重なる場所です。同様に縦方向の場合は、「領域の上からその％までの位置」と「背景画像の上からその％までの位置」が重なる場所です。

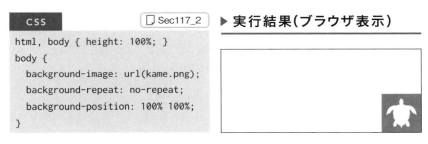

```
CSS                          Sec117_2
html, body { height: 100%; }
body {
  background-image: url(kame.png);
  background-repeat: no-repeat;
  background-position: 100% 100%;
}
```

▶ 実行結果（ブラウザ表示）

≫ 表示位置をキーワードと数値で指定

要素/プロパティ

CSS background-position: キーワード 数値 キーワード 数値;

数値に単位を付けた値をキーワードと組み合わせると、上下左右から指定した分、離して配置できます。たとえば「bottom 50px right 100px」の指定は、「下から50px上に、右から100px左に」という意味になります。数値が0の場合、値は省略可能です。

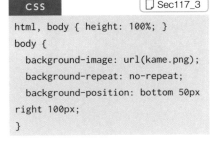

```
CSS                          Sec117_3
html, body { height: 100%; }
body {
  background-image: url(kame.png);
  background-repeat: no-repeat;
  background-position: bottom 50px
right 100px;
}
```

▶ 実行結果（ブラウザ表示）

●画像、音声、動画を埋め込む

第8章

背景画像の位置指定の基準を指定する background-origin

背景画像の位置指定をする際の基準となっているのは、パディングの領域です。たとえば背景画像を右下に配置したとすると、パディングの右下に合わせて配置されていることになります。この基準領域を変更するには、background-originプロパティを使用します。

≫ 位置指定の基準をパディング領域にする

要素/プロパティ

CSS **background-origin: padding-box;**

背景画像が表示される範囲と背景画像を配置する際の基準となる領域は、初期状態では異なります。背景画像が表示されるのはボーダーも含むそこから内側の領域ですが、配置の基準となる「0 0」の位置はパディングの左上となっています。background-originプロパティを使用すると、この配置の基準となる領域を変更できます。値には次のキーワードが指定可能です。

padding-box	背景画像を配置する際の基準領域をパディング領域にする（初期値）
border-box	背景画像を配置する際の基準領域をボーダー領域にする
content-box	背景画像を配置する際の基準領域をコンテンツ領域にする

HTML	📄 Sec118_1

```
<p>配置の基準となる領域は変えられます！</p>
```

▶ 実行結果（ブラウザ表示）

CSS	📄 Sec118_1

```
p {
  border: 40px solid
rgba(255,255,0,0.8);
  padding: 40px;
  height: 80px;
  color: white;
  background-image: url(coral.jpg);
  background-repeat: no-repeat;
  background-origin: padding-box;
}
```

第1章
第2章
第3章
第4章
第5章
第6章
第7章
第8章
●画像、音声、動画を埋め込む

» 位置指定の基準をボーダー領域にする

CSS **background-origin: border-box;**

次の例では、左ページのHTMLに「background-origin: border-box;」を指定して、配置の基準をボーダー領域に変更しています。背景画像はボーダーの左上から表示されます。

CSS □ Sec118_2

```
p {
    ～前半は左ページのCSSと同じ～
    background-image: url(coral.jpg);
    background-repeat: no-repeat;
    background-origin: border-box;
}
```

▶ **実行結果（ブラウザ表示）**

» 位置指定の基準をコンテンツ領域にする

CSS **background-origin: border-box;**

次の例では、左ページのHTMLに「background-origin: content-box;」を指定して、配置の基準をコンテンツ領域に変更しています。背景画像はコンテンツ領域の左上から表示されます。

CSS □ Sec118_3

```
p {
    ～前半は左ページのCSSと同じ～
    background-image: url(coral.jpg);
    background-repeat: no-repeat;
    background-origin: content-box;
}
```

▶ **実行結果（ブラウザ表示）**

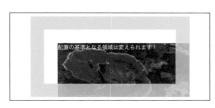

●画像、音声、動画を埋め込む

背景画像の表示領域を指定する
background-clip

ボーダーの線種を点線や波線にしたり、ボーダーを半透明にすることで、ボーダーの下にも背景画像が表示されていることが確認できます。背景画像をボックスのどの領域から内側に表示させるのかは、background-clipプロパティで変更できます。

≫ 背景の表示領域をボーダー領域にする

要素/プロパティ

CSS **background-clip: border-box;**

初期状態では、背景画像はボーダーの領域も含むそこから内側の領域に表示されています。background-clipプロパティを使用することで、この背景画像が表示される領域を変更できます。値には次のキーワードが指定可能です。

border-box	背景の表示領域をボーダー領域にする（初期値）
padding-box	背景の表示領域をパディング領域にする
content-box	背景の表示領域をコンテンツ領域にする

HTML 　　　　　📄 Sec119_1

```
<p>背景画像の表示領域は変更できます！</p>
```

CSS 　　　　　📄 Sec119_1

```
p {
  border: 40px solid
rgba(255,255,0,0.8);
  padding: 40px;
  height: 80px;
  color: white;
  background-image: url(coral.jpg);
  background-clip: border-box;
}
```

▶ 実行結果（ブラウザ表示）

第1章

第2章

第3章

第4章

第5章

第6章

第7章

●画像、音声、動画を埋め込む

第8章

≫ 背景の表示領域をパディング領域にする

> **CSS** background-clip: padding-box;

次の例では、左ページのHTMLに「background-clip: padding-box;」を指定して、表示領域をパディング領域に変更しています。背景画像はパディング領域から内側にのみ表示されます。

CSS 　　　　　　　　　□ Sec119_2

```
p {
  〜 前半は左ページのCSSと同じ 〜
  background-image: url(coral.jpg);
  background-clip: padding-box;
}
```

▶ 実行結果(ブラウザ表示)

≫ 背景の表示領域をコンテンツ領域にする

> **CSS** background-clip: content-box;

次の例では、左ページのHTMLに「background-clip: content-box;」を指定して、表示領域をコンテンツ領域に変更しています。背景画像はコンテンツ領域から内側にのみ表示されます。

CSS 　　　　　　　　　□ Sec119_3

```
p {
  〜 前半は左ページのCSSと同じ 〜
  background-image: url(coral.jpg);
  background-clip: content-box;
}
```

▶ 実行結果(ブラウザ表示)

背景画像を画面いっぱいに表示する background-size

background-sizeプロパティは、背景画像の表示サイズを指定するプロパティです。サイズは数値で指定できるだけでなく、object-fitプロパティと同様にキーワード「cover」と「contain」も指定できます。

≫ 1枚の画像で覆うように表示

要素/プロパティ

CSS **background-size: cover;**

background-sizeプロパティの値にキーワード「cover」を指定すると、背景画像の縦横比を維持したまま、1つの背景画像で表示領域の全体を隙間なく覆う（最小の）大きさで背景画像を表示します。

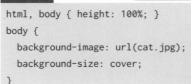

```
CSS                    📄 Sec120_1
html, body { height: 100%; }
body {
  background-image: url(cat.jpg);
  background-size: cover;
}
```

▶ **実行結果（ブラウザ表示）**

≫ 画像の全体が見えるように表示

要素/プロパティ

CSS **background-size: contain;**

第 1 章

第 2 章

第 3 章

第 4 章

第 5 章

第 6 章

第 7 章

● 画像、音声、動画を埋め込む

第 8 章

background-sizeプロパティの値にキーワード「contain」を指定すると、背景画像の縦横比を維持したまま、背景画像の全体が見える(最大の) 大きさで背景画像を表示します。

CSS 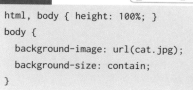 Sec120_2

```
html, body { height: 100%; }
body {
  background-image: url(cat.jpg);
  background-size: contain;
}
```

▶ 実行結果(ブラウザ表示)

指定された大きさで表示

要素/プロパティ

CSS **background-size: 数値 数値;**

背景画像の大きさは、数値に単位を付けて指定することもできます。値は半角スペースで区切って2つ指定でき、1つ目が幅、2つ目が高さとなります。値を1つだけ指定するとそれが幅となり、高さは縦横比を維持したサイズに自動的に設定されます。幅を縦横比を維持したサイズにしたい場合は、幅にキーワード「auto」を指定してください。%で指定した場合は、背景の表示領域に対する割合となります。

CSS Sec120_3

```
html, body { height: 100%; }
body {
  background-image: url(cat.jpg);
  background-size: 100% 100%;
}
```

▶ 実行結果(ブラウザ表示)

撮影場所:イオンモール常滑

225

背景の設定をまとめる
background

背景関連のbackground-○○○という名前のプロパティの値は、backgroundプロパティの値としてまとめて指定できます。基本的には、順不同で半角スペースで区切って指定可能ですが、一部の値を指定する際には注意が必要です。

》 背景関連の値をまとめて指定する

要素/プロパティ

> **CSS** background: 背景関連の値　背景関連の値　背景関連の値 … ;

背景関連プロパティの値は、一部の例外を除き、backgroundプロパティの値に順不同でまとめて指定できます。それぞれの値を半角スペースで区切って指定します。数値に単位を付けた値が1つだけ含まれている場合、その値はbackground-positionの値と解釈されます。background-sizeの値を指定する場合は、background-positionの値を書いた上で、スラッシュで区切って指定します。

また、background-originとbackground-clipでは同じキーワード(padding-boxなど)が指定できるため、値を区別するためのルールがあります。キーワードを1つだけ指定すると、両方のプロパティに適用されます。キーワードを2つ指定すると、1つ目がbackground-origin、2つ目がbackground-clipに適用されます。

CSS　　　　　　　　📄 Sec121

```
html, body { height: 100%; }
body {
  background: #eeeeee url(kame.png)
no-repeat center;
}
```

▶ **実行結果(ブラウザ表示)**

第1章

第2章

第3章

第4章

第5章

第6章

第7章

●画像、音声、動画を埋め込む

第8章

ページの背景に動画を表示する

CSSで動画を背景として表示させることのできるプロパティは今のところありません。しかし、動画を絶対配置にして下のレイヤーとして表示させることで、背景のように見せることは可能です。

≫ 動画を下のレイヤーに表示させる

動画をコンテンツの背景として表示させるには、動画に「position: absolute;」を指定して絶対配置にします。ただし、そのままだとほかのコンテンツよりも上のレイヤー（表示階層）に表示されているので、z-indexプロパティを使って、下の（コンテンツの背後の）レイヤーに移動させます。

「position: absolute;」が指定された要素は、それを含む要素に「position: absolute;」や「position: relative;」が指定されていればその要素が配置の基準領域となりますが、そのような要素がなければページ全体が基準領域となります。そのため、次の例では「top: 0;」「left: 0;」を指定して、ページ全体の左上に合わせて表示させています。「position: absolute;」については、SECTION 106（P.198）を参照してください。

動画が常にページ全体を覆うようにするために、次の例では幅と高さを100%にした上で「object-fit: cover;」を指定しています。object-fitプロパティの詳しい使い方については、SECTION 108（P.202）を参照してください。

HTML　　　　　　　　　　　　　　　　　　　　　　　🖵 Sec122

```
<p>海を見にいこう</p>
<video src="sea.mp4" autoplay loop muted></video>
```

CSS　　　　　　　　　　　　　　　　　　　　　　　🖵 Sec122

```
* { margin: 0; }
p {
  padding-top: 41vh;
  text-align: center;
  color: white;
  font: bold 5vw serif;
}
```

第 1 章

第 2 章

第 3 章

第 4 章

第 5 章

第 6 章

第 7 章

●画像、音声、動画を埋め込む

第 8 章

```
}
video {
  position: absolute;
  z-index: -1;
  top: 0;
  left: 0;
  object-fit: cover;
  width: 100%;
  height: 100%
}
```

▶ 実行結果（ブラウザ表示）

なお、Google Chromeなど一部の新しいブラウザでは、video要素にautoplay
属性を指定しても、音声の入っている動画は自動で再生されません。音を出さないよ
うにするmuted属性を指定することで、自動再生が可能です。

第1章
第2章
第3章
第4章
第5章
第6章
第7章

●画像、音声、動画を埋め込む

表をつくる

表の構成要素

HTMLの表は、最低でも3重以上の入れ子構造になります。個々のセルは、見出し用のセルなら\<th>、データを格納するセルなら\<td>でマークアップします。それらのセルは、1行ずつ\<tr>でまとめられ、それら全体を\<table>で囲います。

》 表の基本構造

HTMLの表のセルをあらわす要素には、データを格納するためのデータセル(td要素)と、行や列の見出しを格納するための見出しセル(th要素)の2種類があります。見出しセルは先頭の行や一番左の列だけで使用できる、といった配置の制限は一切なく、どの位置であっても必要に応じて自由に使い分けることができます。

表のセルは、必ず1行ずつ\<tr>～\</tr>で囲う必要があります。そして表全体を\<table>～\</table>で囲うと、1つの表になります。これがHTMLの表の、最低限の要素で構成した基本形です。

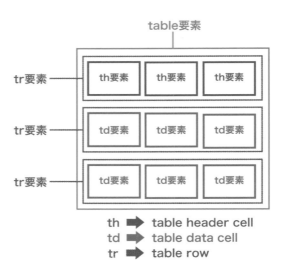

●表をつくる

第9章

第10章

第11章

第12章

第13章

第14章

第15章

≫ 表の横列のグループ化

tr要素をさらにグループ化することも可能です。HTMLには表のヘッダーをあらわすthead要素、表のフッターをあらわすtfoot要素、表の本体部分をあらわすtbody要素が用意されています。これらを使用すると、ヘッダー部分やフッター部分にまとめて表示指定をするのが楽になります。

ただし、1つの表の中でtbody要素はいくつでも配置できますが、thead要素とtfoot要素は1つずつしか配置できません。また、tbody要素を使用する場合は、すべてのtr要素をthead要素、tfoot要素、tbody要素のいずれかの内部に入れる必要があります。

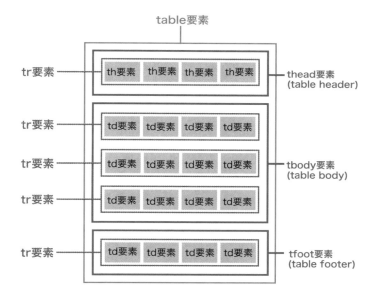

表をつくる
<table> <tr> <td>

このセクションでは、HTMLで表をつくるために最低限必要となる3種類の基本タグを紹介します。全体を囲ってそれが表であることを示す<table>と、表の最小単位の要素である<td>、そしてセルを1行分ずつまとめるために使用する<tr>です。

●表をつくる

第 **9** 章

第 10 章

第 11 章

第 12 章

第 13 章

第 14 章

第 15 章

≫ 表全体、セル1行分、セル

要素/プロパティ

HTML	**<table>表全体</table>**
HTML	**<tr>1行分のセル</tr>**
HTML	**<td>セルの内容</td>**

HTMLで表をつくるには、まず全体を<table>～</table>で囲います。セルの内容となる各種データは<td>～</td>で囲い、セルの1行分を<tr>～</tr>で囲うと、最低限の構造の表になります。

HTML　　　　　　　　　　　　　　　　　　　　　　　🗋 Sec124_1

```
<table border="1">
  <tr><td>1</td><td>2</td><td>3</td></tr>
  <tr><td>4</td><td>5</td><td>6</td></tr>
  <tr><td>7</td><td>8</td><td>9</td></tr>
</table>
```

▶ 実行結果（ブラウザ表示）

1	2	3
4	5	6
7	8	9

≫ border属性について

border属性は、古いHTMLでは表の枠線の太さをピクセル数で指定するために使われていました。そのため、現在でも一般的なブラウザでは、この属性を指定すると表の枠線を表示し、指定しなければ枠線のない状態で表を表示します。

HTML 📄 Sec124_2

```
<table>
  <tr><td>1</td><td>2</td><td>3</td></tr>
  <tr><td>4</td><td>5</td><td>6</td></tr>
  <tr><td>7</td><td>8</td><td>9</td></tr>
</table>
```

▶ **実行結果（ブラウザ表示）**

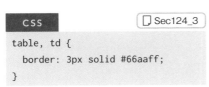

```
1 2 3
4 5 6
7 8 9
```

HTML5では、表示を制御するための要素と属性は基本的に削除されています。しかしtable要素のborder属性は、「レイアウトをするために表を利用しているのではないことを示す属性」というように意味を変えて残されています。そのためHTML5では、値は1か空にするかのいずれかでのみ指定可能となっています。

≫ 表をCSSで装飾する

このセクションのサンプルでは、CSSなしで表を表示させているため、枠線が見えるようにborder属性を使用しています。CSSを使用すれば、border属性を使用せずに枠線を表示できるだけでなく、自由に装飾も可能です。たとえば、上のサンプルに下のCSSを適用すると、表は次のような表示になります。

CSS 📄 Sec124_3

```
table, td {
  border: 3px solid #66aaff;
}
```

▶ **実行結果（ブラウザ表示）**

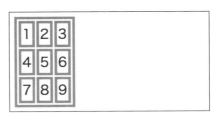

●表をつくる 第9章

第10章

第11章

第12章

第13章

第14章

第15章

233

表のタイトルを付ける
<caption>

<caption>は表のタイトルを付けるタグです。このタグは、タイトルが必要なければ使用しなくてもかまいません。使用する場合は、<table> 〜 </table>の範囲内の先頭に入れる必要があります。

》 表のタイトル

要素/プロパティ

> **HTML** **<caption>表のタイトル</caption>**

表 に タ イ ト ル を 付 け る 際 に は、<caption>を 使 用 し ま す。<caption>は 必 ず <table>〜</table>の 範 囲 内 の 先 頭 に 入 れ て く だ さ い。CSS で「caption-side: bottom;」と指定することで、タイトルを下に表示させることもできます。

HTML　　　　　　　　　　　　　　　　　　　　　　　🗋 Sec125

```html
<table border="1">
  <caption>表のタイトル</caption>
  <tr>
    <td>セル1</td><td>セル2</td><td>セル3</td>
  </tr>
  <tr>
    <td>セル4</td><td>セル5</td><td>セル6</td>
  </tr>
</table>
```

▶ 実行結果(ブラウザ表示)

表のタイトル		
セル1	セル2	セル3
セル4	セル5	セル6

SECTION
126
HTML

表の見出しセルをつくる
\<th>

\<th>は、表のセルの中で「見出し」となるセルにだけ使用するタグです。一般的なブラウザでは要素内容が太字の中央揃えで表示されることが多いですが、表示方法はCSSで自由に変更可能です。

●表をつくる　第 9 章

第 10 章

第 11 章

第 12 章

第 13 章

第 14 章

第 15 章

≫ 表の見出しセル

要素/プロパティ

> **HTML** **\<th>見出しセルの内容\</th>**

表のセルをあらわす要素は2種類あります。データを格納するセルには\<td>を使用し、見出しになるセルには\<th>を使用します。

HTML　　　　　　　　　　　　　　　　　　　　　　　　　　　📄 Sec126

```
<table border="1">
  <tr><th>要素名</th><th>説明</th></tr>
  <tr><td>table</td><td>表の全体</td></tr>
  <tr><td>th</td><td>表のセル(見出し用)</td></tr>
  <tr><td>td</td><td>表のセル(データ用)</td></tr>
</table>
```

▶ 実行結果(ブラウザ表示)

要素名	説明
table	表の全体
th	表のセル（見出し用）
td	表のセル（データ用）

235

表のセルを横や縦に結合する
colspan　rowspan

colspanとrowspanは、わかりやすく言うとセルを結合させる属性です。正確には、colspan
は指定された列数分だけセルを横に拡張させる属性で、rowspanは指定された行数分だけセ
ルを縦に拡張させる属性です。

≫ 列または行のいくつ分引き伸ばすか

要素/プロパティ

> **HTML** **<td colspan="何列分の幅にするか"> 〜 </td>**
>
> **HTML** **<td rowspan="何行分の高さにするか"> 〜 </td>**

colspan 属性を指定されたセルは、そこから指定された列数分の幅に拡張されます。
rowspan 属性を指定されたセルは、そこから指定された行数分の高さに拡張されま
す。なお、拡張された範囲に元々あるセルは不要となるため、HTMLからは削除し
ておく必要があります。これらの属性は<th>でも使用できます。

HTML　　　　　　　　　　　　　　　　　　　　　　　　　　　📄 Sec127

```
<table border="1">
  <tr><td colspan="2">01</td><td>03</td></tr>
  <tr><td colspan="3">04</td></tr>
  <tr><td>07</td><td>08</td><td rowspan="2">09</td></tr>
  <tr><td>10</td><td>11</td></tr>
</table>
```

▶ 実行結果(ブラウザ表示)

01		03
04		
07	08	09
10	11	

表のヘッダーとフッターをつくる
<thead> <tfoot>

<thead>は表のヘッダー部分、<tfoot>は表のフッター部分をあらわすタグです。要素内容には0個以上のtr要素が入れられます。複数のヘッダー行をグループ化したり、CSSを適用しやすくしたい場合などに活用できます。

≫ 表のヘッダーとフッター

要素/プロパティ

HTML	**<thead>表のヘッダー行</thead>**

HTML	**<tfoot>表のフッター行</tfoot>**

HTMLの表には、表のヘッダー部分をあらわすthead要素とフッター部分をあらわすtfoot要素が用意されています。両者とも要素内容としては0個以上のtr要素を入れることができますが、thead要素もtfoot要素も1つの表内に1つずつしか配置できない点に注意してください。なお、これらの要素を追加しても、CSSを指定しない限りは表示上の変化はありません。

HTML 　　　　　　　　　　　　　　　　　　　　　　　　□ Sec128

```
<table border="1">
  <thead>
    <tr><th>品目</th><th>個数</th></tr>
  </thead>
  <tr><td>りんご</td><td>20</td></tr>
  <tr><td>みかん</td><td>35</td></tr>
  <tfoot>
    <tr><th>計</th><th>55</th></tr>
  </tfoot>
</table>
```

第 10 章

第 11 章

第 12 章

第 13 章

第 14 章

第 15 章

表のボディをつくる
\<tbody\>

\<tbody\>を使用すると、\<thead\>や\<tfoot\>と同様に、表の本体部分のtr要素をグループ化することができます。\<tbody\>は、1つの表の中にいくつでも配置できます。配置可能な場所は、\<thead\>と\<tfoot\>の間です。

第 9 章

●表をつくる

第 10 章

第 11 章

第 12 章

第 13 章

第 14 章

第 15 章

》 表の本体部分

要素/プロパティ

HTML **\<tbody\>表の本体\</tbody\>**

表の本体部分のtr要素をグループ化するには、\<tbody\>を使用します。要素内容としては、0個以上のtr要素を入れることができます。配置可能な場所は、\<caption\>や\<thead\>があればそれよりもあと、\<tfoot\>があればそれよりも前と決まっています。

thead要素とtfoot要素は1つの表内に1つずつしか配置できませんが、tbody要素はいくつでも配置可能です。ただし、tbody要素を使用する場合は、すべてのtr要素をthead要素、tfoot要素、tbody要素のいずれかの内部に入れる必要があります。

なお、この要素を追加しても、CSSを指定しない限りは表示上の変化はありません。

HTML 　　　　　　　　　　　　　　　　　　　　　　　　　　　　　📄 Sec129

```
<table border="1">
  <thead>
    <tr><th>要素名</th><th>説明</th></tr>
  </thead>
  <tbody>
    <tr><td>table</td><td>表の全体</td></tr>
    <tr><td>th</td><td>見出しセル</td></tr>
    <tr><td>td</td><td>データセル</td></tr>
  </tbody>
</table>
```

SECTION 130
CSS

表の幅や高さを指定する
width　height

CSSで表の幅を指定するにはwidthプロパティ、高さを指定するにはheightプロパティを使用します。値には様々な単位を付けた数値と、キーワード「auto」が指定できます。これらのプロパティで設定できるのは、表全体を囲うボーダーの内側の領域の幅と高さです。

● 表をつくる　第 9 章

第 10 章

第 11 章

第 12 章

第 13 章

第 14 章

第 15 章

》 幅と高さを指定

要素/プロパティ

> **CSS** **width: 幅;**

> **CSS** **height: 高さ;**

表の幅はwidthプロパティ、高さはheightプロパティで指定します。値には、単位付きの数値またはキーワード「auto」が指定可能です。%で指定した場合は、親要素の幅または高さに対するパーセンテージとなります。

HTML 　 📄 Sec130

```
<table border="1">
  <tr><td>1</td><td>2</td></tr>
  <tr><td>3</td><td>4</td></tr>
</table>
```

CSS 　 📄 Sec130

```
table {
  width: 100px;
  height: 100px;
}
```

▶ 実行結果(ブラウザ表示)

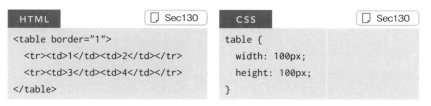

表のセルをすべて同じ幅にする
table-layout: fixed;

HTMLの表は、表のすべてのデータを読み込んだのちに各列の適切な幅を決定し、その段階になってはじめて表示を開始します。しかしそれでは、データ量が極端に多い表では表示されるまでに時間がかかるため、すぐに表示させる方法も用意されています。

≫ 初期状態の表の表示

次の例では、長さの異なるテキストを各セルに入れています。CSSで表全体の幅として400pxを指定していますが、セルや列に対して特に幅は指定していません。

HTML 　　　　　　　　　　　　　　　　　　　　　　　　　　　　　□ Sec131_1

```
<table border="1">
  <tr>
    <td>そこそこ長いテキスト</td><td>テキスト</td><td>短い</td>
  </tr>
  <tr>
    <td>長いテキスト</td><td>短い</td><td>テキスト</td>
  </tr>
</table>
```

CSS 　　　　　　　　　　　　　　　　　　　　　　　　　　　　　□ Sec131_1

```
table {
  width: 400px;
}
```

▶ 実行結果(ブラウザ表示)

そこそこ長いテキスト	テキスト	短い
長いテキスト	短い	テキスト

≫ HTMLの表での注意点

HTMLの表を表示する場合、ブラウザは表のすべてのデータを読み込んでから最適な各縦列の幅を計算し、それから表示を開始します。この方法だと、データ量が極端に多い場合、表が表示されるまでに時間がかかってしまいます。対策として、次の例のように設定しておくと、すぐに表示が開始されるようになります。

≫ 表の縦列の幅を揃えてすぐに表示を開始する

要素/プロパティ

CSS **table-layout: fixed;**

「table-layout: fixed;」と指定すると、各縦列が同じ幅になります。このように設定すると、ブラウザは幅の計算をせず、すぐに表の表示を開始します。

CSS 〔 Sec131_2 〕

```css
table {
  width: 400px;
  table-layout: fixed;
}
```

▶ **実行結果(ブラウザ表示)**

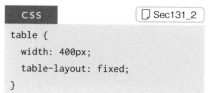

≫ 部分的に幅を指定した場合

次の例では、一番右のセルにだけ幅(200px)を指定しています。このように部分的に幅が指定されている場合は、幅が指定されていない縦列の幅が同じ長さになります。

CSS 〔 Sec131_3 〕

```css
table {
  width: 400px;
  table-layout: fixed;
}
td:last-child { width: 200px; }
```

▶ **実行結果(ブラウザ表示)**

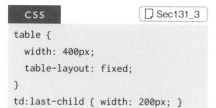

表の線の色を変更する
border-color

初期状態の表では、表全体を囲う枠線とは別にセルにも枠線が表示され、それぞれの色を指定することができます。枠線には線種と色と太さが指定可能ですが、色だけを変更する場合は、border-colorプロパティを使用します。

》 線の色を指定

要素/プロパティ

CSS border-color: 色;

border-colorプロパティは、枠線の色を指定するプロパティです。次の例ではまず、table要素とtd要素の枠線を、太さ3ピクセルの実線で色は水色(#66aaff)に設定しています。そのあと、td要素の色だけをグレー(silver)に変更しています。

HTML   🗋 Sec132

```html
<table>
  <tr><td>セル1</td><td>セル2</td><td>セル3</td></tr>
  <tr><td>セル4</td><td>セル5</td><td>セル6</td></tr>
  <tr><td>セル7</td><td>セル8</td><td>セル9</td></tr>
</table>
```

CSS   🗋 Sec132

```css
table, td { border: 3px solid #66aaff; }
td { border-color: silver; }
```

▶ 実行結果(ブラウザ表示)

セル1	セル2	セル3
セル4	セル5	セル6
セル7	セル8	セル9

SECTION
133
CSS

セルごとのボーダー有無を設定する
border-collapse

初期状態の表では、table要素の「表全体を囲う線」と、td要素、th要素の「セルを囲う線」をそれぞれ個別に表示します。これらの線をまとめて1本にして表示させるには、border-collapseプロパティを使用します。

≫ セルを区切る線だけを表示させる

要素/プロパティ

> **CSS** **border-collapse: collapse;**

個別に表示されるtable要素、td要素、th要素の枠線を1本にまとめて表示させるには、table要素に対して「border-collapse: collapse;」を指定します。
border-collapseプロパティには、次の2種類のキーワードが指定可能です。初期状態では「separate」になっているので、これを「collapse」に変更すると、2重に表示されていた線が1本で表示されます。

collapse	セルごとに個別に枠線を表示させずに、セルを区切る線だけを表示させる
separate	セルごとに個別に枠線を表示させる（初期値）

HTML 　　　　　　　　　　　　　　　　　　　　　　　　　　　　📄 Sec133_1

```
<table>
  <tr><td>セル1</td><td>セル2</td><td>セル3</td></tr>
  <tr><td>セル4</td><td>セル5</td><td>セル6</td></tr>
  <tr><td>セル7</td><td>セル8</td><td>セル9</td></tr>
</table>
```

第9章 ●表をつくる

第10章

第11章

第12章

第13章

第14章

第15章

```
CSS                                            □ Sec133_1
table { border-collapse: collapse; }
td {
  border: 8px solid #ff88dd;
  padding: 0.8em;
  color: #999999;
}
```

▶ 実行結果（ブラウザ表示）

セル1	セル2	セル3
セル4	セル5	セル6
セル7	セル8	セル9

» 異なる種類、太さ、色の線が競合した場合

「border-collapse: collapse;」で枠線を1本にまとめても、table要素および個々の td要素とth要素の枠線は、個別に指定可能です。すると、隣接するセル同士など が枠線に異なる種類や太さ、色になっているケースも出てきます。このように1本の 線に対して異なる状態が指定されている場合、どちらを優先して採用するかは、次 のルールで決定されます。

❶線種が「hidden」の線があればそれを最優先する
❷線種が「hidden」でなければ、太い方の線を優先する
❸太さが同じ場合は線種で決定する。優先順位の高い順から「double」「solid」 「dashed」「dotted」「ridge」「outset」「groove」「inset」とする
❹線種も同じで色だけが違っている場合は要素の種類で決定する。優先順位の高い 順から「th要素、td要素」「tr要素」「thead要素、tbody要素、tfoot要素」「table 要素」とする
❺要素の種類も同じ場合は、左側と上側の要素を優先する

次の例ではtable要素の枠線の方が太いので、table要素に指定した種類と太さと色が優先されています。CSSを書き換えてtd要素の線の方を太くすると、全体が同じグレーの線で表示されます。

Sec133_2

HTML

```
<table>
  <tr><td>セル1</td><td>セル2</td><td>セル3</td></tr>
  <tr><td>セル4</td><td>セル5</td><td>セル6</td></tr>
  <tr><td>セル7</td><td>セル8</td><td>セル9</td></tr>
</table>
```

Sec133_2

CSS

```
table {
  border-collapse: collapse;
  border: 12px solid #66aaff;
}
td {
  border: 6px solid #dddddd;
  padding: 0.8em;
  color: #999999;
}
```

▶ 実行結果（ブラウザ表示）

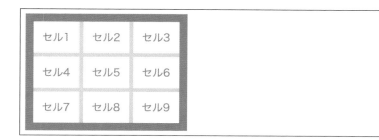

テキストが折り返さないようにする
white-space: nowrap;

セルの幅に対してテキストの量が多い場合、セル内のテキストは折り返して複数行で表示されることがあります。そうなることを防ぐには、折り返しをさせたくないセルに「white-space: nowrap;」を指定します。

●表をつくる

» 行の折り返しを禁止する

要素/プロパティ

CSS white-space: nowrap;

white-spaceは、空白文字(半角スペース、タブ、改行)の扱い方と行の折り返しを制御するプロパティです。空白文字の扱いは通常のままで、「行の折り返し」だけを禁止するには、値に「nowrap」を指定します。

HTML 　　　　　　　　　　　　　　　　　　　　　　　　　　　🖫 Sec134

```html
<table border="1">
  <tr><th>長いテキストの見出しセル</th><th>見出し</th></tr>
  <tr><td>1</td><td>2</td></tr>
  <tr><td>3</td><td>4</td></tr>
</table>
```

CSS 　　　　　　　　　　　　　　　　　　　　　　　　　　　🖫 Sec134

```css
th { white-space: nowrap; }
```

▶ 実行結果(ブラウザ表示)

長いテキストの見出しセル	見出し
1	2
3	4

SECTION **135** CSS

表の空のセルを非表示にする
empty-cells: hide;

HTMLの表は、初期状態では内容が空のセルでも枠線と背景を表示します。内容が空のセルの枠線と背景を消したい場合は、empty-cellsプロパティにキーワード「hide」を指定します。このプロパティの初期値は「show」です。

≫ 内容が空のセルの枠線と背景を消す

●表をつくる 第 9 章

第 10 章

第 11 章

第 12 章

第 13 章

第 14 章

第 15 章

> 要素/プロパティ

> **CSS** **empty-cells: hide;**

empty-cellsは、内容が空のセルの枠線と背景の表示を設定するプロパティです。初期値の「show」の状態だと枠線と背景を表示します。値を「hide」に変更すると、枠線と背景が表示されなくなります。

次の例では、:first-childというセレクタを使用して「最初のtr要素の中の最初のtd要素」にだけ「empty-cells: hide;」を指定しています。:first-childの詳しい使い方については、SECTION 136(P.248)を参照してください。

HTML	🗋 Sec135

```
<table border="1">
  <tr><td></td><td>セル2</td><td>
セル3</td></tr>
  <tr><td></td><td>セル5</td><td>
セル6</td></tr>
  <tr><td>セル7</td><td>セル8</td><td>セル9</td></tr>
</table>
```

CSS	🗋 Sec135

```
td { background-color: #eeeeee; }
tr:first-child td:first-child {
empty-cells: hide; }
```

▶ 実行結果(ブラウザ表示)

	セル2	セル3
	セル5	セル6
セル7	セル8	セル9

最初や最後の行のみ色を変更する
:first-child　:last-child

「:first-child」は、それを指定された要素の置かれている階層の中で、一番最初にある要素を適用対象とするセレクタです。それとは逆に「:last-child」はその要素がある階層の中で最後の要素を適用対象とします。

≫ 最初の行のみ異なる色にする

要素/プロパティ

CSS **:first-child { … }**

「:first-child」は最初の要素を適用対象にするセレクタです。「child」は「その要素がある(親子関係の) 階層の中で」という意味です。html要素以外の要素はすべて「子要素」なので、その階層の子要素の中で先頭にあるものが対象となります。次の例では、同じ階層の中で先頭にあるtr要素の文字色と背景色を変更しています。

HTML	Sec136_1

```html
<table>
  <tr><td>01</td><td>02</td><td>03
</td></tr>
  <tr><td>04</td><td>05</td><td>06
</td></tr>
  <tr><td>07</td><td>08</td><td>09
</td></tr>
  <tr><td>10</td><td>11</td><td>12
</td></tr>
  <tr><td>13</td><td>14</td>
<td>15</td></tr></table>
```

CSS	Sec136_1

```css
table {
  border-collapse: collapse;
  border: 4px solid #cccccc;
}
tr:first-child {
  color: white;
  background: #ff88dd;
}
td {
  border: 4px solid #cccccc;
  padding: 6px 40px;
}
```

▶ 実行結果（ブラウザ表示）

01	02	03
04	05	06
07	08	09
10	11	12
13	14	15

● 表をつくる　第9章

第10章

第11章

第12章

第13章

第14章

第15章

≫ 最後の行のみ異なる色にする

要素/プロパティ

```
CSS  :last-child { … }
```

「:first-child」とは逆に、その要素がある階層の中で最後の要素を適用対象とするのが「:last-child」です。次の例では、同じ階層の中で最後にあるtr要素の文字色と背景色を変更しています。

CSS　　　□ Sec136_2

```css
table {
  border-collapse: collapse;
  border: 4px solid #cccccc;
}
tr:last-child {
  color: white;
  background: #66aaff;
}
td {
  border: 4px solid #cccccc;
  padding: 6px 40px;
}
```

▶ 実行結果（ブラウザ表示）

01	02	03
04	05	06
07	08	09
10	11	12
13	14	15

SECTION
137
CSS

行の色を交互に異なる色にする
:nth-child( )

「:nth-child( )」は、使い方を覚えておくと便利なセレクタです。奇数番目の要素、偶数番目の要素、◯番目の要素、といった単純な指定だけでなく、前から数えて◯番目から◯個ごとに適用、といった複雑な指定も可能です。

第 **9** 章
●表をつくる

第 10 章

第 11 章

第 12 章

第 13 章

第 14 章

第 15 章

≫ 奇数番目、偶数番目に適用

要素/プロパティ

CSS :nth-child(odd) { … }

CSS :nth-child(even) { … }

「:nth-child( )」の ( ) 内にキーワード「odd」を指定すると、対象とする要素がある階層の中で「奇数番目」の要素が適用対象となります。それとは逆に、キーワード「even」を指定すると、「偶数番目」の要素が適用対象となります。次の例では、奇数番目にあるtr要素のみ背景色をグレーにしています。

HTML　　　📄 Sec137_1

```
<table>
  <tr><td>01</td><td>02</td><td>03
</td></tr>
  <tr><td>04</td><td>05</td><td>06
</td></tr>
  <tr><td>07</td><td>08</td><td>09
</td></tr>
  <tr><td>10</td><td>11</td><td>12
</td></tr>
  <tr><td>13</td><td>14</td><td>15
</td></tr>
  <tr><td>16</td><td>17</td><td>18
</td></tr>
</table>
```

CSS　　　📄 Sec137_1

```
table {
  border-collapse: collapse;
  border: 4px solid #dddddd;
}
tr:nth-child(odd) { background:
#dddddd; }
td {
  border-style: none;
  padding: 6px 40px;
}
```

01	02	03
04	05	06
07	08	09
10	11	12
13	14	15
16	17	18

〇番目に適用

要素/プロパティ

CSS :nth-child(整数) { … }

「:nth-child( )」の( )内に整数を指定すると、対象とする要素がある階層の中で、先頭から数えてその数字番目の要素が適用対象となります。たとえば「:nth-child(5)」と指定すると、5番目の要素が適用対象になります。次の例では、td要素の左右の余白を同じ幅に見せるために、真ん中のtd要素のみ左右の余白を0にしています。

CSS　　　　　　　　　　　📄 Sec137_2

```css
table {
  border-collapse: collapse;
  border: 4px solid #dddddd;
}
tr:nth-child(odd) { background:
#dddddd; }
td {
  border-style: none;
  padding: 6px 60px;
}
td:nth-child(2) {
  padding-left: 0;
  padding-right: 0;
}
```

▶ **実行結果（ブラウザ表示）**

01	02	03
04	05	06
07	08	09
10	11	12
13	14	15
16	17	18

● 表をつくる

第9章
第10章
第11章
第12章
第13章
第14章
第15章

251

第9章 ●表をつくる

第10章

第11章

第12章

第13章

第14章

第15章

≫ 「an+b」の式で適用

要素/プロパティ

CSS :nth-child(an+b) { … }

「:nth-child( )」には、「an+b」というパターンの数式を入れることができます。この式では「n」はそのままにして、「a」と「b」を任意の整数に置き換えて使用します。この数式での「n」は0以上の整数をあらわしており、これが0,1,2,3……と変化していったときの、計算結果の数字番目にある要素が適用対象となります。

たとえば「:nth-child(3n+1)」と指定すると、「3×0+1=1」「3×1+1=4」「3×2+1=7」と1個目から3個ごとの要素が適用対象となります。したがって、「an+b」の「a」は「a個ごと」を意味し、「b」は「b個目から」を意味していることになります。次の例ではこの式を使って、1個目から3個ごとのtr要素の背景色をグレーにしています。

CSS　　　　　　　　　　　[Sec137_3]

```css
table {
  border-collapse: collapse;
  border: 4px solid #dddddd;
}
tr:nth-child(3n+1) { background:
#dddddd; }
td {
  border-style: none;
  padding: 6px 60px;
}
td:nth-child(2) {
  padding-left: 0;
  padding-right: 0;
}
```

▶ **実行結果(ブラウザ表示)**

01	02	03
04	05	06
07	08	09
10	11	12
13	14	15
16	17	18
19	20	21

第**10**章

フォームをつくる

SECTION 138
HTML

フォームをつくる
\<form>

\<form>は、その内部にあるフォーム関連部品で入力・選択された情報の送り先や送信の方式を設定するタグです。HTML5以降では、外部にあるフォーム関連部品も送信可能となっています。

第9章

第10章 ●フォームをつくる

第11章

第12章

第13章

第14章

第15章

》 フォームの基本形

要素/プロパティ

> **HTML** **\<form action="送信先">フォーム関連部品\</form>**

文字入力欄で入力したデータや、チェックボックスなどで選択したデータを送信するには、\<form>〜\</form>で囲み、送信先をform要素のaction属性で指定します。\<form>内にある「type属性の値がsubmitのボタン」が押されると、入力・選択された情報が送信されます。

\<label>は、フォーム関連部品とその前にあるラベルのテキストを関連付けるために使用します。関連付けられたラベルテキストは、クリックなどの操作に反応します。

HTML　　　　　　　　　　　　　　　　　　　　　　　　　🗌 Sec138_1

```
<form action="https://www.google.com/search">
  <label>
    検索:<input type="search" name="q">
  </label>
  <input type="submit">
</form>
```

▶ 実行結果(ブラウザ表示)

検索:　[＿＿＿＿＿]　[送信]

» form要素の主な属性

要素/プロパティ

> `HTML` **<form method="送信方式"> … </form>**
>
> `HTML` **<form enctype="MIMEタイプ"> … </form>**
>
> `HTML` **<form target="表示先"> … </form>**

form要素に指定可能な属性には、主に次のようなものがあります。

属性名	用途
action	入力・選択された情報の送信先 URL
method	データの送信方式（get/post）を指定する。初期値は get
enctype	送信するデータの MIME タイプ
target	送信結果を表示させるタブやウインドウを指定する

method属性には、フォームのデータをどのようにして送信するか（HTTPメソッド）を指定します。キーワード「get」を指定すると、action属性で指定してあるURLの直後に「?」記号を付け、そのあとにフォームのデータを連結させて送信します。「post」を指定した場合、フォームのデータは本文として送信されます。

enctype属性には、データ送信時のMIMEタイプを指定します。初期値は「application/x-www-form-urlencoded」で、このほかにファイルを送信する際に指定する「multipart/form-data」と、テキスト形式の「text/plain」が指定できます。下の例のように、target属性に「_blank」を指定すると、検索結果は新しいタブまたはウインドウに表示されます。

HTML　　　　　　　　　　　　　　　　　　　　　　　　　　`Sec138_2`

```html
<form action="https://www.google.com/search" method="get"
enctype="application/x-www-form-urlencoded" target="_blank">
  <label>
    検索:<input type="search" name="q">
  </label>
  <input type="submit">
</form>
```

入力コントロールを表示する
\<input>

input要素は、type属性で指定するキーワードによって様々なフォーム用の部品になる要素です。フォームで使用する部品の多くはinput要素だけで作成できます。指定可能な属性も多く用意されていますが、部品の種類によって用途が変わるものがある点に注意してください。

第 9 章

第 10 章

●フォームをつくる

第 11 章

第 12 章

第 13 章

第 14 章

第 15 章

» 様々なフォーム用部品になる要素

> 要素/プロパティ

> **HTML** **\<input type="部品の種類">**

input要素は開始タグだけで使用する要素で、type属性で指定するキーワードによって、文字入力欄やチェックボックス、送信ボタンといった様々なフォーム用の部品になります。キーワードは20種類以上あり、次のようなキーワードが指定可能です。type属性を指定しないと初期値の「text」となり、1行の文字入力欄が表示されます。

HTML 　　　　　　　　　　　　　　　　　　　　　　　　　　📄 Sec139_1

```html
<p><label>text:<input type="text"></label></p>
<p><label>password:<input type="password"></label></p>
<p><label>checkbox:<input type="checkbox" checked></label>
<label>radio:<input type="radio" checked></label></p>
<p><label>file:<input type="file"></label></p>
<p><label>date:<input type="date"></label></p>
<p><label>reset:<input type="reset"></label></p>
<p><label>submit:<input type="submit"></label></p>
<p><label>image:<input type="image" src="btn.png" alt="送信"></label></p>
```

▶ 実行結果（ブラウザ表示）

```
text： テキスト

password： •••••••

checkbox： ☑    radio： ◉

file：  ファイルを選択  選択されていません

date： 2020/02/14

reset： リセット

submit： 送信

          送信

image：
```

第 9 章

● フォームをつくる

第 10 章

第 11 章

第 12 章

第 13 章

第 14 章

第 15 章

≫ value属性

要素/プロパティ

HTML `<input value="初期入力値">`

input要素のvalue属性で指定した値は、入力項目に最初から入力された状態で表示されます。ボタンに指定した場合は、ボタンのラベルとして表示されます。

HTML   📄 Sec139_2

```html
<form action="https://www.google.com/search">
  <label>
    <input type="search" value="おいしいランチ" name="q">
  </label>
  <input type="submit" value="検索">
</form>
```

▶ 実行結果（ブラウザ表示）

```
おいしいランチ        検索
```

≫ name属性

要素/プロパティ

HTML **<input name="項目名">**

input要素のname属性には、データとセットになって送信される項目名を指定します。label要素で関連付けるのはユーザー向けの項目名ですが、name属性で指定するのは、フォームのデータを受け取った側が項目を見分けるための項目名です。

≫ size属性

要素/プロパティ

HTML **<input size="幅を文字数で指定">**

input要素のsize属性は、文字入力欄の幅を指定する属性です。この属性の目的は、テキストを入力する際に必要となる幅を確保することであるため、値を文字数で指定します。初期値は20です。この属性を指定していても、表示上の正確な幅はCSSで別に設定できます。

HTML ☐ Sec139_3

```html
<input type="text" size="10">
<br>
<input type="text">
<br>
<input type="text" size="30">
```

▶ 実行結果(ブラウザ表示)

» readonly属性とdisabled属性

HTML **\<input readonly\>**

HTML **\<input disabled\>**

input要素のreadonly属性とdisabled属性は、属性名だけで指定する属性です。readonlyを指定されたinput要素は、選択は可能ですが、入力や書き換えができなくなります。disabledを指定されたinput要素は、選択や入力、書き換えができなくなり、ボタンの場合は押せなくなります。

HTML 　　　　　　　　　　　　　　　　　　　　　　　 📄 Sec139_4

```
<input type="submit" value="通常のボタン">
<input type="submit" value="disabledのボタン" disabled>
```

▶ 実行結果(ブラウザ表示)

通常のボタン	disabledのボタン

» minlength属性とmaxlength属性

HTML **\<input minlength="最小文字数"\>**

HTML **\<input maxlength="最大文字数"\>**

input要素のminlength属性とmaxlength属性は、それぞれ文字入力欄の「最低限入力しなくてはならない文字数」と「入力可能な最大文字数」を設定する属性です。

第9章

●フォームをつくる 第10章

第11章

第12章

第13章

第14章

第15章

文字入力欄をつくる
\<input type="text"\>

\<input\>で1行の文字入力欄をつくるには、type属性の値に「text」を指定します。「text」はtype属性の初期値なので、この属性を省略した場合も文字入力欄になります。複数行の文字入力欄をつくる場合は\<textarea\>を使用します。

≫ 文字入力欄

要素/プロパティ

HTML **\<input type="text"\>**

input要素のtype属性に「text」を指定すると、1行の文字入力欄になります。初期状態では20文字分の幅で表示されますが、幅はsize属性で変更できます。値には文字数を整数で指定します。ただし、この属性はあくまで入力した文字が問題なく見えるようにするために使うものです。正確な幅を指定するのであればCSSを使用してください。

文字入力欄に最初から文字が入力されている状態にしておくには、その文字をvalue属性の値として指定してください。

HTML　　　　　　　　　　　　　　　　　　　　　　　📄 Sec140

```html
<form action="userinfo.cgi" method="post">
  <label>
    名前:<input type="text" name="user_name">
  </label>
  <input type="submit">
</form>
```

▶ 実行結果(ブラウザ表示)

名前：[　　　　　　　　　] [送信]

チェックボックスをつくる
<input type="checkbox">

<input>でチェックボックスの項目をつくるには、type属性の値に「checkbox」を指定します。チェックボックスは、複数の選択肢の中から個数を限定せずに選択できるようにする場合に使用します。

≫ チェックボックス

要素/プロパティ

HTML **<input type="checkbox">**

input要素のtype属性に「checkbox」を指定すると、チェックボックスになります。チェックボックスが1つの項目に対する複数の選択肢となっている場合、それらのチェックボックスすべてにname属性で同じ名前を付ける必要があります。
データ送信時は、選択されたチェックボックスのvalue属性の値が送信されます。checked属性は、その項目が最初から選択されている状態にしたいときに使用します。

HTML　　　　　　　　　　　　　　　　　　　　　　　　　　　　　　　□ Sec141

```html
<p>
<label><input type="checkbox" name="place" value="hokkaido">北海道</label>
<label><input type="checkbox" name="place" value="tokyo" checked>東京</label>
<label><input type="checkbox" name="place" value="okinawa">沖縄</label>
</p>
```

▶ **実行結果（ブラウザ表示）**

□北海道 ☑東京 □沖縄

第9章

●フォームをつくる 第10章

第11章

第12章

第13章

第14章

第15章

ラジオボタンをつくる
\<input type="radio">

\<input>でラジオボタンの項目をつくるには、type属性の値に「radio」を指定します。ラジオボタンは、複数の選択肢の中から1つだけ選択できるようにする場合に使用します。特定の項目が最初から選択されているようにするには、checked属性を指定します。

≫ ラジオボタン

要素/プロパティ

> HTML **\<input type="radio" name="共通の名前">**

input要素のtype属性に「radio」を指定すると、ラジオボタンになります。複数の選択肢から1つしか選べないようにするには、それらのラジオボタンすべてにname属性で同じ名前を付ける必要があります。

データが送信される際は、選択されたラジオボタンのvalue属性の値が送信されます。checked属性は、その項目が最初から選択されている状態にしたいときに使用します。

HTML　　　　　　　　　　　　　　　　　　　　　　　　　　□ Sec142

```
<p>
<label><input type="radio" name="rating" value="good">良い</label>
<label><input type="radio" name="rating" value="normal" checked>普通</label>
<label><input type="radio" name="rating" value="bad">悪い</label>
</p>
```

▶ 実行結果(ブラウザ表示)

○良い ●普通 ○悪い

電話番号入力欄をつくる
<input type="tel">

<input>で電話番号の入力欄をつくるには、type属性の値に「tel」を指定します。電話番号には多様な入力形式があるため、特定のフォーマットに制限したい場合は別途JavaScriptなどを使用して制御する必要があります。

≫　電話番号入力欄

要素/プロパティ

HTML **<input type="tel">**

input要素のtype属性に「tel」を指定すると、電話番号用の文字入力欄になります。ただし、電話番号の入力形式は世界レベルで考えると多種多様であるため、一般的なブラウザでは入力制限のない(type="text" の場合と同様の) 入力欄となります。

HTML　　　　　　　　　　　　　　　　　　　　　　　　　□ Sec143

```html
<form action="userinfo.cgi" method="post">
  <label>
    電話番号:<input type="tel" name="user_tel">
  </label>
  <input type="submit">
</form>
```

▶ 実行結果(ブラウザ表示)

電話番号：[　　　　　　　　] [送信]

第 9 章

● フォームをつくる

第 10 章

第 11 章

第 12 章

第 13 章

第 14 章

第 15 章

263

メールアドレス入力欄をつくる
<input type="email">

<input>でメールアドレスの入力欄をつくるには、type属性の値に「email」を指定します。一般的なブラウザでは、入力されたメールアドレスに「@」が含まれているかなどのチェックが行われます。

≫ メールアドレス入力欄

要素/プロパティ

HTML **<input type="email">**

input要素のtype属性に「email」を指定すると、メールアドレスの入力専用の文字入力欄になります。一般的なブラウザでは、この欄にメールアドレスが入力されると「@」が含まれているかなどのチェックが行われ、状況に応じてメッセージが表示されます。multiple属性を指定すると、複数のメールアドレスが入力できるようになります。

HTML   □ Sec144

```
<form action="userinfo.cgi" method="post">
  <label>
    メール:<input type="email" name="user_email">
  </label>
  <input type="submit">
</form>
```

▶ 実行結果(ブラウザ表示)

メール：　[　　　　　　　]　　[送信]

SECTION 145 HTML

パスワード入力欄をつくる
<input type="password">

<input>でパスワード専用の入力欄をつくるには、type属性の値に「password」を指定します。この入力欄に文字を入力すると黒丸などで表示され、周りの人が見ても、なにを入力したのかがわからなくなります。

≫ パスワード専用の入力欄

要素/プロパティ

`HTML` **<input type="password">**

input要素のtype属性に「password」を指定すると、パスワードの入力専用の1行の文字入力欄になります。この入力欄の特徴は、入力した文字がそのまま表示されるのではなく、黒丸などの記号になって表示されるところです。

`HTML` 　　　　　　　　　　　　　　　　　　　　　　　　　　　　🗋 Sec145

```html
<form action="userinfo.cgi" method="post">
  <label>
    パスワード:<input type="password" name="pw">
  </label>
  <input type="submit">
</form>
```

▶ 実行結果（ブラウザ表示）

パスワード：........　　送信

ファイルをアップロードする
<input type="file">

<input>でファイルをアップロードできるようにするには、type属性の値に「file」を指定します。すると、ファイルを選択するためのボタンと選んだファイルを表示するフィールドが表示されます。

≫ ファイルのアップロード

要素/プロパティ

HTML **<input type="file">**

input要素のtype属性に「file」を指定すると、ファイルをアップロードするためのボタンとフィールドになります。このとき、form要素のmethod属性には「post」を、enctype属性には「multipart/form-data」を指定する必要があります。accept属性でMIMEタイプを指定し、選択可能なファイルの種類を制限することもできます（複数をカンマで区切って指定できます）。その際、すべての画像を受け付けるのであれば「image/*」、すべての動画なら「video/*」、すべての音声ファイルなら「audio/*」が指定できます。

HTML   📄 Sec146

```html
<form action="userinfo.cgi" method="post" enctype="multipart/form-data">
  <p>
    <input type="file" name="image_file" accept="image/*">
  </p>
  <input type="submit">
</form>
```

▶ 実行結果（ブラウザ表示）

> ファイルを選択 選択されていません
>
> 送信

画像の送信ボタンをつくる
\<input type="image"\>

\<input\>のtype属性の値に「image」を指定することで、画像を送信ボタンにすることができます。画像はsrc属性で指定します。このボタンでは、src属性とalt属性の指定は必須となります。

≫ 画像の送信ボタン

要素/プロパティ

HTML	**\<input type="image" src="画像のパス" alt="代替テキスト"\>**

input 要素の type 属性に「image」を指定し、src 属性で画像を指定すると、その画像は送信ボタンになります。ただし、画像は常にどのような環境でも表示されるとは限らないため、alt 属性で画像の代わりとして使用可能なテキストを用意しておく必要があります。width 属性と height 属性を使用して、画像の表示サイズを指定することもできます。

HTML　　　　　　　　　　　　　　　　　　　　　　　　□ Sec147

```html
<form action="userinfo.cgi" method="post">
  <label>
    名前:<input type="text" name="user_name">
  </label>
  <input type="image" src="submit.png" alt="送信">
</form>
```

▶ 実行結果(ブラウザ表示)

名前：[＿＿＿＿＿＿] ⬆

第9章
●フォームをつくる 第10章
第11章
第12章
第13章
第14章
第15章

日付の入力欄をつくる
<input type="date">

<input>で日付の入力欄をつくるには、type属性の値に「date」を指定します。この指定により日付の入力欄が表示され、一般的なブラウザではカレンダーを表示させて日付を入力できるようになります。

》 日付の入力欄

要素/プロパティ

HTML **<input type="date">**

input要素のtype属性に「date」を指定すると、日付専用の入力欄になります。

```
HTML                                                      □ Sec148
<form action="userinfo.cgi" method="post">
  <label>
    お届け希望日:<input type="date" name="delivery_date">
  </label>
  <input type="submit">
</form>
```

▶ 実行結果(ブラウザ表示)

SECTION 149
HTML

リセットボタンをつくる
\<input type="reset"\>

\<input\>でフォームの入力内容をリセットするボタンをつくるには、type属性の値に「reset」を指定します。送信ボタンと間違えて入力したデータを消してしまうことのないよう、このボタンの配置場所には注意してください。

≫ リセットボタン

要素/プロパティ

HTML **\<input type="reset"\>**

HTML **\<input type="reset" value="ラベル"\>**

input要素のtype属性に「reset」を指定すると、リセットボタンになります。ボタン上には、特になにも指定しなくても「リセット」などのテキスト（ラベル）が表示されますが、これを変更したい場合はvalue属性で値を指定してください。

HTML　　　　　　　　　　　　　　　　　　　　　　　　　📄 Sec149

```
<form action="event.cgi" method="post">
  <label>名前:<input type="text" name="user_name"></label>
  <label>メール:<input type="email" name="user_email"></label>
  <br>
  <input type="reset"> <input type="submit">
</form>
```

▶ 実行結果（ブラウザ表示）

名前：[   ]　メール：[   ]
[リセット] [送信]

第9章

● 第10章 フォームをつくる

第11章

第12章

第13章

第14章

第15章

非表示データを埋め込む
\<input type="hidden"\>

ユーザーが入力・選択したフォームのデータのほかに、ユーザーからは見えない固定値の情報も送信されるようにするには、type属性の値に「hidden」を指定します。固定値の情報は、value属性の値として指定します。

第9章

第10章

第11章

第12章

第13章

第14章

第15章

● フォームをつくる

≫ ユーザーに見せずに送信するデータ

要素/プロパティ

HTML **\<input type="hidden"\>**

input 要素のtype属性に「hidden」を指定すると、ユーザーからは見えないフォーム部品になります。この部品にvalue属性で値を指定しておくことで、ユーザーからは見えない固定値をデータとともに送信できるようになります。

HTML   □ Sec150

```
<form action="event.cgi" method="post">
  <input type="hidden" value="15thParty" name="event">
  <label>
    名前:<input type="text" name="user_name">
  </label>
  <input type="submit">
</form>
```

▶ 実行結果（ブラウザ表示）

名前：　[　　　　　　　]　[送信]

SECTION
151
HTML

フォームに送信ボタンを表示する
\<input type="submit">

フォームで入力・選択されたデータを送信するボタンをつくるには、\<input>のtype属性の値に「submit」を指定します。ボタン上に表示されるテキストはvalue属性で変更できます。送信先は、form要素のaction属性で指定されているURLとなります。

» 送信ボタン

要素/プロパティ

> **HTML** **\<input type="submit">**

> **HTML** **\<input type="submit" value="ラベル">**

input要素のtype属性に「submit」を指定すると、送信ボタンになります。ボタン上には特になにも指定しなくても「送信」などのテキスト(ラベル)が表示されますが、これを変更したい場合はvalue属性で値を指定してください。

HTML　　　　　　　　　　　　　　　　　　　　　　　　　　📄 Sec151

```
<form action="event.cgi" method="post">
  <label>
    名前:<input type="text" name="user_name">
  </label>
  <input type="submit" value="申し込む">
</form>
```

▶ 実行結果(ブラウザ表示)

名前：[＿＿＿＿＿＿＿]　[申し込む]

入力欄に例を表示する
\<input placeholder\>

フォームの文字入力欄にプレースホルダーを表示させるには、placeholder属性を使用します。一般的なブラウザでは、少し薄い色の文字色で、属性値がそのまま入力例となって表示されます。

》 placeholder属性

要素/プロパティ

HTML **\<input placeholder="プレースホルダー"\>**

input 要素の placeholder 属性は、文字入力欄にプレースホルダー(テキストがまだ入力されていない状態のときに表示される入力例や説明)を表示させる属性です。テキストが入力されると、プレースホルダー内の表示は消えます。

HTML　　　　　　　　　　　　　　　　　　　　　　　　　　　□ Sec152

```
<form action="userinfo.cgi" method="post">
  <label>
    名前:<input type="text" placeholder="山田太郎">
  </label>
  <input type="submit">
</form>
```

▶ 実行結果(ブラウザ表示)

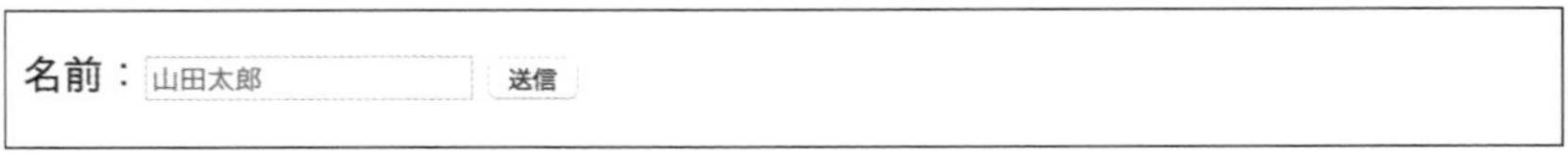

名前：　山田太郎　　　　　送信

フォームの部品を自動で選択する
\<input autofocus>

Webページが表示されると同時に、フォームの部品が自動で選択されるようにするには、autofocus属性を指定します。この機能の使い方によっては、ユーザビリティやアクセシビリティが損なわれる場合がある点に注意してください。

≫ autofocus属性

要素/プロパティ

HTML **\<input autofocus>**

autofocus属性が指定されたinput要素は、そのページが表示されると同時に選択（フォーカス）された状態となり、そのまますぐに入力・選択できるようになります。autofocus属性は、属性名だけで指定する属性です。
Webページの内容を音声で読み上げているような場合、autofocus属性が使用されていると読み上げ開始位置が強制的に変更されるため、ユーザーが混乱する可能性があります。場所や内容によって、使うかどうかを判断しましょう。

HTML   🗋 Sec153

```html
<form action="userinfo.cgi" method="post">
  <label>
    名前:<input type="text" autofocus>
  </label>
  <input type="submit">
</form>
```

▶ 実行結果(ブラウザ表示)

名前 :［＿＿＿＿＿＿＿＿］　［送信］

第 9 章

●フォームをつくる 第 10 章

第 11 章

第 12 章

第 13 章

第 14 章

第 15 章

部品の入力や選択を必須にする
<input required>

input要素の入力や選択を必須にするには、required属性を指定します。この属性を指定すると、一般的なブラウザでは未入力や未選択の場合にメッセージが表示され、データを入力・選択するまでは送信ができなくなります。

» required属性

要素/プロパティ

HTML **<input required>**

required属性が指定されたinput要素は、入力や選択が必須となります。この属性が指定されたinput要素が入力も選択もされていない場合、一般的なブラウザではデータを送信しようとした段階でメッセージが表示されます。required属性は、属性名だけで指定します。

HTML　　　　　　　　　　　　　　　　　　　　　　　　　　□ Sec154
```
<form action="userinfo.cgi" method="post">
  <label>
    名前:<input type="text" required>
  </label>
  <input type="submit">
</form>
```

▶ 実行結果(ブラウザ表示)

複数項目を選択できるようにする
<input multiple>

メールアドレスを複数入力したり、送信するファイルを複数選択できるようにするには、multiple属性を指定します。この属性は、input要素のtype属性の値が「email」または「file」の場合にのみ指定可能です。

» multiple属性

要素/プロパティ

HTML **<input multiple>**

multiple属性が指定されたinput要素は、複数項目を選択できるようになります。ただし、この属性が指定できるのは、input要素のtype属性の値が「email」または「file」の場合だけです。multiple属性は、属性名だけで指定します。

HTML　　　　　　　　　　　　　　　　　　　　　　　　　　　　　　□ Sec155

```
<form action="userinfo.cgi" method="post" enctype="multipart/form-data">
  <p>
    <input type="file" name="attfiles" multiple>
  </p>
  <input type="submit">
</form>
```

▶ 実行結果（ブラウザ表示）

| ファイル選択 | 5 ファイル |

| 送信 |

SECTION 156

HTML

プルダウンメニューをつくる
\<select\> \<option\>

プルダウンメニューをつくるには、\<select\>と\<option\>の2種類のタグを使用します。
\<select\>でプルダウンメニュー全体を囲い、メニューの各項目は\<option\>でつくります。
size属性を指定することで、リストボックス形式で表示させることもできます。

≫ プルダウンメニュー

要素/プロパティ

HTML **\<select\>\<option\>項目\</option\> … \</select\>**

プルダウンメニューの構造は、全体を\<select\>〜\</select\>で囲い、その内容である各項目を\<option\>〜\</option\>で囲って示します。
\<select\>には、主に次のような属性が指定できます。

属性名	用途
name	データとセットになって送信される部品名
size	指定された数の項目が閲覧可能なリストボックスにする
multiple	複数の項目を選択できるようにする
required	メニュー項目の選択を必須にする
autofocus	ページが表示されると同時に選択された状態にする
disabled	メニューを使用できない状態にする

\<option\>には、主に次のような属性が指定できます。

属性名	用途
value	送信される値。これがなければ要素内容が送信される
label	メニュー項目として表示させるテキスト。これがなければ要素内容が表示される
selected	項目を最初から選択されている状態にする
disabled	項目を選択できないようにする

HTML　　　　　　　　　　　　　　　　　　　　　　　　　　　　　　　📄 Sec156_1

```
<form action="ranking.cgi" method="post">
  <label>行きたい温泉は？:
    <select name="hotspring">
      <option value="1" selected>豊平峡温泉</option>
```

```
      ～中略～
    <option value="5">道後温泉</option>
  </select>
</label>
<br>
<input type="submit">
</form>
```

▶ 実行結果（ブラウザ表示）

≫ リストボックス

HTML `<select size="表示項目数"><option>項目</option> … </select>`

`<select>`のsize属性で一度に表示させる項目数を指定すると、プルダウンメニューではなくリストボックスとして表示できます。

HTML	📄 Sec156_2

```
<select size="5" multiple
name="hotspring">
  <option value="1">豊平峡温泉</
option>
  ～中略～
  <option value="5">道後温泉</
option>
</select>
```

▶ 実行結果（ブラウザ表示）

第9章

● フォームをつくる 第10章

第11章

第12章

第13章

第14章

第15章

SECTION 157 HTML

プルダウンメニューをグループ化する <optgroup>

プルダウンメニュー内の項目をグループ化するには、<optgroup>を使います。内容として入れられるのは<option>だけで、テキストは入れることができません。グループの項目名は、<optgroup>のlabel属性で指定します。

第 9 章

第 10 章

●フォームをつくる

第 11 章

第 12 章

第 13 章

第 14 章

第 15 章

≫ プルダウンメニューのグループ

要素/プロパティ

HTML **<optgroup label="グループの項目名"> … </optgroup>**

<optgroup>は、プルダウンメニューの各項目である<option>をグループ化するタグです。label属性はプルダウンメニュー内でグループの項目名となるため、必ず指定します。

<optgroup>には、次の属性が指定できます。

属性名	用途
label	グループの項目名として表示させるテキスト（必須）
disabled	グループ化した項目を選択できないようにする

HTML 　　　　　　　　　　　　　　　　　　　　　　　　　　　　　　　□ Sec157

```html
<form action="ranking.cgi" method="post">
  <label>行きたい温泉は？:
    <select name="hotspring">
      <optgroup label="北海道">
        <option value="h1">登別温泉</option>
        <option value="h2">定山渓温泉</option>
        <option value="h3">阿寒湖温泉</option>
        <option value="h4">層雲峡温泉</option>
      </optgroup>
      <optgroup label="東海">
        <option value="t1">下呂温泉</option>
        <option value="t2">飛騨高山温泉</option>
        <option value="t3">湯谷温泉</option>
```

```
      </optgroup>
      <optgroup label="九州">
        <option value="k1">由布院温泉</option>
        <option value="k2">別府温泉</option>
        <option value="k3">黒川温泉</option>
        <option value="k4">指宿温泉</option>
      </optgroup>
    </select>
  </label>
  <br>
  <input type="submit">
</form>
```

▶ 実行結果（ブラウザ表示）

第9章

● フォームをつくる

第10章

第11章

第12章

第13章

第14章

第15章

入力候補を表示する
<datalist>

フォームの文字入力欄などに入力候補を表示させるには、<datalist>を使用します。
<datalist>はプルダウンメニューをつくる<select>と似た構造を持ち、各入力候補は
<option> ～ </option>で囲って示します。

≫ 入力候補を表示する

> 要素/プロパティ

> **HTML** **<input list="ID">**
>
> **HTML** **<datalist id="ID"><option>入力候補</option> … </datalist>**

<datalist> は、その内容が入力候補であることをあらわすタグです。各入力候補は
<option> の value 属性で指定します。入力候補を属性値で指定することによって、
古いブラウザで入力候補がコンテンツとして表示されてしまうことを防いでいます。
<datalist>にはid属性で固有の名前を付けておき、input要素側のlist属性にその
名前を指定することで両者を関連付けます。

HTML　　　　　　　　　 📄 Sec158

```
<label>行きたい温泉は？<br>
  <input type="text" list="hs">
  <datalist id="hs">
    <option value="草津温泉"></
option>
    <option value="別府温泉"></
option>
    <option value="下呂温泉"></
option>
  </datalist>
</label>
```

▶ **実行結果（ブラウザ表示）**

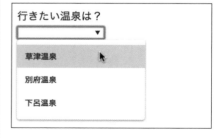

第9章

第10章 ●フォームをつくる

第11章

第12章

第13章

第14章

第15章

SECTION 159
HTML

フォームの内容をまとめる <fieldset> <legend>

フォームの内容をグループ化してまとめるには、<fieldset>を使用します。グループの見出しは<legend>で付けます。一般的なブラウザでは、グループ化した範囲が枠線で囲われて表示されます。

≫ フォーム部品のフルーブ

要素/プロパティ

HTML `<fieldset>`フォーム関連部品`</fieldset>`

HTML `<fieldset><legend>`見出し`</legend>`フォーム関連部品`</fieldset>`

<fieldset>は、フォームの内容をまとめてグループ化するタグです。一般的なブラウザでは、特になにも指定しなくても囲った範囲にボーダーが表示されますが、これはCSSで自由に変更可能です。

グループ化した範囲に見出しを付けるには、<fieldset>～</fieldset>の範囲内の先頭に「<legend>見出し</legend>」のようにして挿入します。legend要素は、必要がなければ配置しなくてもかまいません。

fieldset要素にdisabled属性を指定すると、要素内容となっているすべてのフォーム関連部品が使えない状態になります。

HTML　　　　　　　　　　　　　　　　　　　　　　　Sec159
```html
<form action="userinfo.cgi" method="post">
<fieldset>
  <legend>ユーザー情報</legend>
  <p>
    <label>名前　　:<input type="text" name="uname"></label>
  </p>
  <p>
    <label>電話番号:<input type="tel" name="user_tel"></label>
  </p>
```

281

```
  <p>
    <label>生年月日:<input type="date" name="delivery_date"></label>
  </p>
  <p>
    <label>都道府県:
      <select name="prefecture">
        <option value="1">北海道</option>
        <option value="2" selected>東京</option>
        <option value="3">大阪</option>
        <option value="4">沖縄</option>
      </select>
    </label>
  </p>
</fieldset>
<p><input type="submit"></p>
</form>
```

▶ 実行結果(ブラウザ表示)

```
┌─ユーザー情報──────────────────────┐
│                                    │
│  名前    :[            ]           │
│                                    │
│  電話番号:[            ]           │
│                                    │
│  生年月日:[年 /月 /日 ]            │
│                                    │
│  都道府県: [東京 ◆]                │
│                                    │
└────────────────────────────────────┘

  [送信]
```

フォームの部品にラベルを付ける <label>

フォーム関連部品の前後にテキストを配置しただけでは、部品とテキストは関連付けられません。部品とラベルを関連付けるには、label要素を使用します。関連付ける方法は2種類あります。

≫ 部品とラベルを関連付ける要素

要素/プロパティ

> HTML **<label>フォームの部品とラベルのテキスト</label>**

<label>は、テキストを特定のフォームの部品のラベルにする（テキストと部品を関連付ける）ために使用します。関連付けの方法は2種類ありますが、かんたんなのは、関連付けたいテキストと部品の両方を<label>〜</label>で囲ってしまう方法です。

HTML　　　　　　　　　　　　　　　　　　　　　　📄 Sec160_1

```
<p>
  <input type="checkbox" checked>label要素なし
</p>
<p>
  <label>
    <input type="checkbox">label要素あり
  </label>
</p>
```

▶ 実行結果（ブラウザ表示）

☑ label要素なし

☐ label要素あり

このサンプルをブラウザで表示させ、「label要素なし」というテキストをクリックやタップしてもチェックボックスは反応しません。しかし、label要素で関連付けられて

いる「label要素あり」というテキストをクリックやタップすると、チェックボックスの
オン・オフが切り替わります。このように、label要素によって関連付けられたテキス
トは、部品自体と同じように反応するようになります。

≫ for属性を使って関連付ける方法

要素/プロパティ

> `HTML` **<部品 id="ID">**
>
> `HTML` **<label for="部品のID">ラベルのテキスト</label>**

関連付けを行うもう1つの方法では、<label>～</label>の範囲にはテキストのみ
を入れます。そして関連付けたい部品にはid属性で固有の名前を付け、そのid属性
の値をlabel要素のfor属性の値として指定すると、関連付けが完了します。

この方法を使用すると、表の内部でフォームを使う場合など、ラベルと部品が離れ
た場所にある場合でも関連付けが行えるようになります。また、一部のブラウザの
古いバージョン（IE6など）はラベルと部品の両方を囲って関連付ける方法には対応し
ていないため、古い環境に配慮する必要がある場合にもこちらの方法を利用します。

`HTML`　　　　　　　　　　　　　　　　　　　　　　　　📄 Sec160_2

```
<p>
  <input type="checkbox" checked>
  label要素なし
</p>
<p>
  <input type="checkbox" id="cbx2">
  <label for="cbx2">label要素あり</label>
</p>
```

▶ 実行結果（ブラウザ表示）

☑ label要素なし

☐ label要素あり

ラジオボタンやチェックボックスを デザインする <label>

ラジオボタンやチェックボックスの見た目をCSSで細かく変更することはできません。そこで、元からあるラジオボタンやチェックボックスを消して、オリジナルのものを表示させる方法を紹介します。ラジオボタンもチェックボックスも、ほぼ同じ方法で行えます。

» オリジナルのチェックボックスをつくる

ここでは、チェックボックスをオリジナルのデザインに変更します。HTMLでは、通常のチェックボックスと異なる部分はほぼありません。ただし、label要素を使った関連付けは必須となります。

```
HTML                                             Sec161
<input type="checkbox" id="a" checked>
<label for="a">独自のチェックボックスA</label>
<br>
<input type="checkbox" id="b" checked>
<label for="b">独自のチェックボックスB</label>
<br>
<input type="checkbox" id="c">
<label for="c">独自のチェックボックスC</label>
```

CSSではまず、「display: none;」でチェックボックスを消しています。そしてlabel要素に「position: relative;」を指定して、その内容を絶対配置する際の基準ボックスにします。label要素の左側には、オリジナルのチェックボックスを配置するための余白(padding-left: 25px;)を用意しておきます。

チェックボックスは2つのボックスで作成しています。1つは角を丸くした正方形のボックスで、もう1つは縦長のボックスの右と下のボーダーだけを表示させ、チェックマークの代わりにします。両方ともcontentプロパティを使用して「display: block;」にし、絶対配置で基準ボックスの左上に重ねます。正方形のボックスは「::before」、チェックマークの代わりのボックスは「::after」で追加しています。

チェックマークとして表示させるボックスは「チェックボックスがチェックされている状態」のときだけ表示させる必要があります。それを制御しているのが、セレクタの「input:checked + label::after」です。こうすることで「チェックされているinput要

素の直後にあるラベル」だけに適用されるので、チェックされているチェックボックスだけに適用するCSS（チェックマークを表示させるCSS）を書くことができます。

Sec161

```css
input[type="checkbox"] {
  display: none;
}
label {
  position: relative;
  padding-left: 25px;
}
label::before, input:checked + label::after {
  content: "";
  display: block;
  position: absolute;
  top: 0;
  left: 0;
}
label::before {
  width: 14px;
  height: 14px;
  border: 3px solid rgba(85,170,255,0.6);
  border-radius: 5px;
}
input:checked + label::after {
  width: 8px;
  height: 14px;
  border: 3px solid #55aaff;
  border-style: none solid solid none;
  transform: translate(7px, -4px) rotate(45deg);
}
```

▶ 実行結果（ブラウザ表示）

☑独自のチェックボックスA
☑独自のチェックボックスB
☐独自のチェックボックスC

長い文章の入力欄をつくる
<textarea>

複数行の文字入力欄をつくるには、<textarea>を使用します。要素内容のテキストは、最初から入力された状態で表示されます。特に属性を指定していない場合、20文字分の幅で2行の入力欄になります。

》 複数行の文字入力欄

要素/プロパティ

> **HTML** **<textarea></textarea>**

input 要素では、文字入力欄は1行のものしか作成できません。複数行の文字入力欄をつくるには、<textarea>を使用します。要素内容を入れると、入力欄に最初から要素内容が入力された状態で表示されます。

HTML	📄 Sec162_1

```
<textarea>
要素内容のテキスト
</textarea>
```

▶ **実行結果（ブラウザ表示）**

要素内容のテキスト

》 <textarea>の属性

要素/プロパティ

> **HTML** **<textarea cols="1行の文字数" rows="行数"></textarea>**

<textarea>には次の属性が指定できます。cols属性とrows属性を使うと幅と高さが変更できますが、これは入力に支障のない領域を確保するための指定であり、正確な幅と高さはCSSで設定します。cols属性の初期値は20、rows属性の初期値は2です。

第 9 章

● フォームをつくる　第 10 章

第 11 章

第 12 章

第 13 章

第 14 章

第 15 章

属性名	用途
cols	表示幅（1行に入力可能な文字数）
rows	表示行数
minlength	最低限入力しなければならない文字数
maxlength	入力可能な最大文字数
wrap	データ送信の際に、折り返しの箇所に改行コードを入れる（hard）か入れない（soft）か
name	データとセットになって送信される部品名
placeholder	テキストが未入力のときに表示させる入力例や説明
required	入力を必須にする
autofocus	ページが表示されると同時に選択された状態にする
readonly	選択は可能だが、入力はできないようにする
disabled	選択も入力もできないようにする

●フォームをつくる

HTML　　　　　　　　　　□ Sec162_2

```
<textarea cols="40" rows="8"
placeholder="感想をお書きください">
</textarea>
```

▶ **実行結果（ブラウザ表示）**

≫ **<textarea>の装飾例**

次の例は、HTMLは最初の例と同じですが、CSSで入力欄の表示を変更しています。

HTML　　　　　　　□ Sec162_3

```
<textarea>
要素内容のテキスト
</textarea>
```

▶ **実行結果（ブラウザ表示）**

CSS　　　　　　　　□ Sec162_3

```
textarea {
    border: 6px solid #55aaff;
    border-radius: 15px;
    padding: 0.5em;
    width: 300px;
    height: 100px;
    color: #3399ee;
    background-color: #ffffcc;
    font-size: 1em;
}
```

送信ボタンとは別のボタンをつくる <button>

<input>でつくるボタンのラベルには、テキストしか指定できません。<button>の場合は、要素内容がそのままボタンのラベルとして表示され、ボタンの機能も複数種類から選択できます。

》 要素内容がラベルになるボタン

要素/プロパティ

HTML **<button type="ボタンの種類">ラベルにする内容</button>**

<button>はボタン作成専用のタグです。要素内容にはインタラクティブコンテンツ以外であればなんでも入れることができ、要素内容がそのままボタンのラベルとなって表示されます。

ボタンがどのように機能するかは、type属性で指定します。type属性の値には「submit」「reset」「button」が指定できます。それぞれ「送信ボタン」「リセットボタン」「なにもしないボタン(スクリプトなどで制御)」を意味します。

HTML 　　　　　　　　　　　　　　　　　　　　　□ Sec163

```
<button type="button" onclick="～">
  <img src="good.png" alt="">
  <br>
  Good!
</button>
```

▶ 実行結果(ブラウザ表示)

Good!

第9章

● フォームをつくる 第10章

第11章

第12章

第13章

第14章

第15章

特定の状態のスタイルを変更する

CSSで、擬似クラスと呼ばれるセレクタを使用すると、要素の「状態」によってスタイルを適用できます。ここでは、「選択中」「入力が必須になっている」「チェックされている」という状態のときにCSSを適用する方法を紹介します。

≫ 選択中の入力欄のスタイルを変更する

要素/プロパティ

CSS :focus { … }

「:focus」を使用すると、選択されている状態の要素に対してスタイルを適用できます。次の例では、選択されている入力欄の背景色を薄い黄色にしています。

HTML　　　　　　　　　　　　　　　　　　　　　　　　　□ Sec164_1

```
<p>入力欄1:<input type="text"></p>
<p>入力欄2:<input type="text"></p>
```

CSS　　　　　　　　　　　　　　　　　　　　　　　　　□ Sec164_1

```
input[type="text"]:focus {
  background-color: #ffffdd;
}
```

▶ 実行結果(ブラウザ表示)

入力欄1:　[　　　　　　　]

入力欄2:　[　　　　　　　]

必須入力欄の枠線のスタイルを変更する

要素/プロパティ

CSS `:required { … }`

「:required」を使用すると、入力や選択が必須になっている(required属性が指定されている) 要素に対してスタイルを適用できます。次の例では、入力が必須になっている欄の枠線の色を赤色にしています。

HTML ☐ Sec164_2

```html
<p>入力欄1:<input type="text"></p>
<p>入力欄2:<input type="text" required></p>
```

CSS ☐ Sec164_2

```css
input[type="text"]:required {
  border: solid 1px red;
}
```

▶ **実行結果(ブラウザ表示)**

入力欄1: [   ]

入力欄2: [   ]

第9章

●フォームをつくる 第10章

第11章

第12章

第13章

第14章

第15章

≫ チェックされているチェックボックスのスタイルを変更する

要素/プロパティ

```
CSS  :checked { … }
```

```
CSS  :checked + label { … }
```

「:checked」を使用すると、選択されている状態のチェックボックスまたはラジオボタンに対してスタイルを適用できます。次の例では、チェックされているチェックボックスのラベルの文字色を青色の太字にしています。

HTML   □ Sec164_3

```html
<p>
<input type="checkbox" id="hkd" value="hokkaido">
<label for="hkd">北海道</label>
<input type="checkbox" id="tko" value="tokyo" checked>
<label for="tko">東京</label>
<input type="checkbox" id="okn" value="okinawa">
<label for="okn">沖縄</label>
</p>
```

CSS   □ Sec164_3

```css
input:checked + label {
  color: #3c88fd;
  font-weight: bold;
}
```

▶ 実行結果（ブラウザ表示）

☐ 北海道 ☑ 東京 ☐ 沖縄

ラベルと項目を整えて横に並べる

HTMLで作成しただけのフォームは、フォームの部品やラベルの位置が揃っていないため、大変見づらい状態となっています。ここではCSSを使い、それらの位置を整える方法を紹介します。

項目をきれいに横に並べる

次の例では、label要素の中にラベルのテキストだけを入れ、フォームの部品はあえて外に配置しています。この状態でlabel要素の幅を一定（ここでは120px）にすると、ラベルとフォームの部品が整列します。label要素はフレージングコンテンツ（インライン要素）であるため、そのままでは幅の指定ができません。そこで「display: inline-block;」を指定して、widthプロパティが適用されるようにしています。

送信ボタンにはラベルがないため、ここでは左のマージンで位置を調整しています。なお、このHTMLではあえてlabel要素と入力欄の要素の間に改行を入れず、続けて記入しています。それらの間に改行やインデントを入れた場合、ブラウザで表示したときには半角スペース1つ分の余分なスペースとなってlabel要素と入力欄の要素の間に挿入され、送信ボタンとは位置が揃わなくなりますのでご注意ください。

```html
HTML                                                    Sec165
<form action="message.cgi" method="post">
<p>
  <label for="nm">名前:</label><input type="text" id="nm" name="u_name">
<p>
<p>
  <label for="ms">メッセージ:</label><textarea id="ms" name="u_message"></
textarea>
</p>
<p>
  <input type="submit" value="メッセージを送信">
</p>
</form>
```

第9章

第10章

フォームをつくる

第11章

第12章

第13章

第14章

第15章

☐ Sec165

```css
CSS

form {
  width: 400px;
  padding: 20px;
  border-radius: 10px;
  background: #eeeeee;
}
p:first-child { margin-top: 0; }
p:last-child { margin-bottom: 0; }
label {
  display: inline-block;
  width: 120px;
}
input[type="text"], textarea {
  font-size: 1em;
  width: 280px;
  box-sizing: border-box;
  border: 3px solid #55aaff;
}
textarea {
  vertical-align: top;
  height: 5em;
}
input[type="submit"] {
  margin-left: 120px;
}
```

▶ 実行結果(ブラウザ表示)

名前：

メッセージ：

メッセージを送信

SECTION 166 HTML

範囲内の数値の位置を表示する <progress> <meter>

処理の進み具合を示すプログレスバーを表示させるには、<progress>を使用します。また、特定の範囲内での量や割合を示すメーターを表示させるには、<meter>を使用します。どちらの要素も、要素内容はこれらの要素に未対応の環境でのみ表示されます。

第 9 章

●フォームをつくる 第 10 章

第 11 章

第 12 章

第 13 章

第 14 章

第 15 章

》 プログレスバー

要素/プロパティ

> **HTML** `<progress value="現在の値" max="全体量"></progress>`

<progress>は、処理の進み具合を示すプログレスバーを表示させるタグです。処理の全体量（最大値）をmax属性に数値で指定し、現在の数値をvalue属性に指定します。数値を更新するには、JavaScriptなどのプログラミング言語を使います。<progress>には次の属性が指定可能です。

属性名	用途
value	現時点でどこまで進んでいるかを示す数値
max	作業の全体量をあらわす数値

HTML 　　　　　　　　　　📄 Sec166_1

```
実行中;
<progress value="65" max="100">
  <span>65</span>% 完了
</progress>
```

▶ 実行結果（ブラウザ表示）

実行中；　━━━━━━━━━━

》 メーター

要素/プロパティ

> **HTML** `<meter value="現在の値" max="全体量"></meter>`

<meter>は、特定範囲内での量や割合をメーターにして示すタグです。<meter>には次の属性が指定可能です。

なお、min属性の指定を省略した場合、最小値は0になります。

属性名	用途
value	現時点での数値
min	メーターの示す範囲の最小値（初期値は0）
max	メーターの示す範囲の最大値（初期値は1）
low	メーターの示す範囲を低、中、高に分割する場合の「低」の上限値
high	メーターの示す範囲を低、中、高に分割する場合の「高」の下限値
optimum	最適値（この値から低、中、高のどれが最適なのかが判断される）

HTML　　　　　　　　　　　　　　　　　　　　　　　　　Sec166_2

```
<p>
ディスクA使用量：
<meter value="518" max="1000" low="700" high="900" optimum="500">
 1000GB中の518GBを使用しています。
</meter>
</p>
<p>
ディスクB使用量：
<meter value="824" max="1000" low="700" high="900" optimum="500">
 1000GB中の824GBを使用しています。
</meter>
</p>
<p>
ディスクC使用量：
<meter value="956" max="1000" low="700" high="900" optimum="500">
 1000GB中の956GBを使用しています。
</meter>
</p>
```

▶ 実行結果（ブラウザ表示）

ディスクA使用量：

ディスクB使用量：

ディスクC使用量：

第 11 章

ボックスを使って
見た目を変える

ボックスの種類を指定する display

displayプロパティを使用すると、ボックスの種類が変更可能です。インライン要素やブロックレベル要素のボックスに変更できるだけでなく、マーカー用のボックスも付属するリスト項目のボックスや、表関連要素の各種ボックスにも変更できます。

》 インライン要素のボックスにする

要素/プロパティ

CSS **display: inline;**

displayプロパティの値に「inline」を指定すると、その要素のボックスはインライン要素（フレージングコンテンツ）のボックスになります。displayプロパティの初期値は「inline」なので、contentプロパティでコンテンツを追加した場合は、そのままだとインラインのボックスになっています。

》 ブロックレベル要素のボックスにする

要素/プロパティ

CSS **display: block;**

displayプロパティの値に「block」を指定すると、その要素のボックスはブロックレベル要素のボックスになります。インライン要素は、幅や高さの指定ができないなど扱いが難しい面がありますが、ブロックレベル要素に変更することでシンプルに扱えるようになります。

第 9 章

第 10 章

第 11 章

第 12 章

第 13 章

第 14 章

第 15 章

● ボックスを使って見た目を変える

≫ インラインブロックのボックスにする

CSS **display: inline-block;**

displayプロパティの値に「inline-block」を指定すると、インライン要素として配置されるけれども中身はブロックレベル要素のボックスになります。たとえば、textarea要素、button要素のボックスがインラインブロックのボックスです。

≫ li要素のボックスにする

CSS **display: list-item;**

displayプロパティの値に「list-item」を指定すると、その要素のボックスはli要素のボックスと同様のボックス（コンテンツを入れるボックスのほかにマーカー用のボックスもあるボックス）になります。

≫ 表関連要素のボックスにする

CSS **display: table;**

displayプロパティの値に「table」を指定すると、その要素のボックスはtable要素と同様のボックスになります。これ以外にもtd要素（table-cell）やtr要素（table-row）など、テーブル関連の各種要素のボックスに変更する値も用意されています。

≫ ボックスを消す

CSS **display: none;**

displayプロパティの値に「none」を指定すると、その要素のボックスがなくなります。

SECTION 168
HTML

複数の要素をひとまとめにする
<div>

div要素は、特定の意味をあらわさずに様々な要素をグルーピングできるブロックレベル要素です。ただし、本来その用途に使うべきタグが別にある場合は、<div>は使わずにその要素を使用してください。

≫ なにもあらわさない要素

要素/プロパティ

HTML `<div> ~ </div>`

HTMLの要素は、文書の構成要素としてなにかをあらわすものですが、例外的になにもあらわさないのが<div>と<span>です。両者の違いは、<div>はブロックレベル要素、<span>はインライン要素（フレージングコンテンツ）であるという点だけです。これらは、ほかにふさわしいタグがない場合に最後の手段として使うためのタグです。ほかに適切なタグがある場合は、そのタグを使用してください。
<div>がどのような用途で使われているのかを示すために、グローバル属性を使用することができます。次の例ではclass属性を使用していますが、用途によってはid属性やtitle属性、lang属性なども使用可能です。

HTML 　　　　　　　　　　📄 Sec168_1

```html
<div class="wrapper">
  <header></header>
  <main></main>
  <footer></footer>
</div>
```

▶ 実行結果（ブラウザ表示）

CSS 　　　　　　　　　　📄 Sec168_1

```css
.wrapper {
  width: 200px;
  margin: 20px auto 0;
}
header, main, footer { height:
50px; }
header { background-color: #bb66ee;
}
main { background-color: #eeeeee; }
footer { background-color: #bb66ee;
}
```

» HTML5ではdl要素の内部でも使用できる

HTML `<dl><div><dt></dt><dd></dd></div> … </dl>`

HTML5では、dl要素内のdt要素とdd要素を`<div>`でグループ化できます。ただし、一部だけグループ化することはできないため、すべてのdt要素とdd要素をそれぞれグループ化する必要があります。

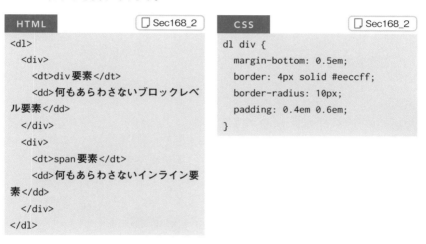

HTML `Sec168_2`

```
<dl>
  <div>
    <dt>div要素</dt>
    <dd>何もあらわさないブロックレベ
ル要素</dd>
  </div>
  <div>
    <dt>span要素</dt>
    <dd>何もあらわさないインライン要
素</dd>
  </div>
</dl>
```

CSS `Sec168_2`

```
dl div {
    margin-bottom: 0.5em;
    border: 4px solid #eeccff;
    border-radius: 10px;
    padding: 0.4em 0.6em;
}
```

▶ 実行結果（ブラウザ表示）

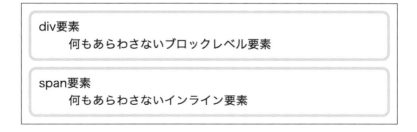

div要素
　　何もあらわさないブロックレベル要素

span要素
　　何もあらわさないインライン要素

第9章
第10章
●ボックスを使って見た目を変える　第11章
第12章
第13章
第14章
第15章

ボックスの幅と高さを指定する
width　height

ボックスの幅を指定するにはwidthプロパティ、高さを指定するにはheightプロパティを使用します。これらのプロパティはインライン要素（フレージングコンテンツ）には適用されません。

第9章

第10章

第11章

●ボックスを使って見た目を変える

第12章

第13章

第14章

第15章

》 幅と高さを設定

> 要素/プロパティ

> **CSS** width: 幅;
>
> **CSS** height: 高さ;

widthプロパティはボックスの幅を、heightプロパティはボックスの高さを設定するプロパティです。これらのプロパティで設定されるのは、ボックスのボーダーやパディング領域を含まない、要素内容を表示する領域の幅と高さである点に注意してください。ボーダーも含む範囲に適用されるようにするには、box-sizingプロパティを使用します。

HTML	🗋 Sec169
```
<h1>ボックスの幅と高さを指定する</
h1>
```

CSS	🗋 Sec169
```
h1 {
  width: 300px;
  height: 150px;
  color: white;
  background-color: #77BB44;
}
```

▶ 実行結果(ブラウザ表示)

ボックスの幅と高さ
を指定する

ボックスを回り込ませる
float: left;　float: right;

floatは、ボックスを左右のいずれかに寄せて配置し、その反対側に後続の要素を回り込ませるプロパティです。本来は、画像や図表などの横にテキストを回り込ませて表示させるための機能です。

≫ 回り込ませて横に配置する

要素/プロパティ

CSS **float: left;**

CSS **float: right;**

floatプロパティの値に「left」を指定すると、ボックスは左に寄せて配置され、その右側に後続の要素が回り込みます。逆に、floatプロパティの値に「right」を指定すると、ボックスは右に寄せて配置され、その左側に後続の要素が回り込みます。

HTML　　Sec170
```
<div id="d1"></div>
<div id="d2"></div>
```

CSS　　Sec170
```
#d1 {
    float: right;
    width: 100px;
    height: 100px;
    background: pink;
}
#d2 {
    height: 100px;
    background: silver;
}
```

▶ 実行結果（ブラウザ表示）

ピンクのボックスの左側にグレーのボックスが回り込んでいます

ボックスの回り込みを解除する
clear　clearfix

floatの回り込みに対し、特定の要素以降は回り込まないようにするには、clearプロパティを使用します。このセクションでは、clearプロパティを使った「clearfix」と呼ばれるテクニックについても解説します。

≫ floatによる回り込みを解除

要素/プロパティ

CSS	**clear: left;**
CSS	**clear: right;**
CSS	**clear: both;**

clearプロパティを指定すると、その要素以降は、floatが指定されている要素の横に回り込まなくなります。「float: left;」が指定されている要素への回り込みを解除するには、「clear: left;」を指定します。同様に、「float: right;」への回り込みは、「clear: right;」で解除できます。「clear: both;」は左右両側を解除します。

HTML　　　　　　　　🗋 Sec171_1

```
<div class="wrapper">
  <main></main>
  <aside></aside>
  <footer></footer>
</div>
```

CSS　　　　　　　　🗋 Sec171_1

```
.wrapper {
  width: 280px;
  margin: 20px auto 0;
}
main {
  float: left;
  width: 200px;
  height: 100px;
  background: pink;
}
aside {
  height: 70px;
  background: silver;
}
```

▶ 実行結果（ブラウザ表示）

```
}
footer {
    clear: left;
    height: 30px;
    background: black;
}
```

» clearfixと呼ばれる手法について

要素/プロパティ

```
CSS .clearfix::after {
        content: "";
        display: block;
        clear: both;
    }
```

floatが指定されている要素は、仕様上それを含んでいる要素からはみ出ますが、clearfixと呼ばれる上に示したコードを使用することではみ出ないようにすることができます。使い方はかんたんで、親要素のclass属性の値に「clearfix」を追加するだけです。

HTML	Sec171_2

```html
<div class="wrapper clearfix">
  <main></main>
  <aside></aside>
</div>
```

▶ 実行結果（ブラウザ表示）

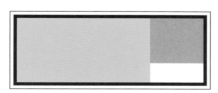

CSS	Sec171_2

```css
.wrapper {
    width: 280px;
    margin: 20px auto 0;
    border: 5px solid black;
}
```
〜main要素とaside要素に左ページの
CSSと同じ指定を入れる〜
```css
.clearfix::after {
    content: "";
    display: block;
    clear: both;
}
```

SECTION
172
CSS

ボックス内に余白をつくる
padding

ボックスのボーダーから内側の余白をパディングと言います。上下左右を個別に設定するための各プロパティと、上下左右をまとめて設定できるプロパティが用意されています。ボックスに背景を指定すると、パディング領域にも背景が適用されます。

第9章

第10章

第11章

●ボックスを使って見た目を変える

第12章

第13章

第14章

第15章

》 上下左右を個別に設定するプロパティ

要素/プロパティ

CSS **padding-top: 長さ;**

CSS **padding-bottom: 長さ;**

CSS **padding-left: 長さ;**

CSS **padding-right: 長さ;**

パディングには、上下左右を個別に設定するために4つのプロパティが用意されています。値には単位を付けた数値が指定できます。

HTML　　　　　　　　　📄 Sec172_1

```
<p>これはパディングを確認するためのサンプルです。</p>
```

CSS　　　　　　　　　　📄 Sec172_1

```
p {
    padding-top: 60px;
    padding-bottom: 30px;
    padding-left: 60px;
    padding-right: 30px;
    width: 100px;
    color: white;
    background-color: #bb66ee;
}
```

▶ **実行結果(ブラウザ表示)**

これはパディングを確認するためのサンプルです。

要素/プロパティ

CSS padding: 長さ;

paddingプロパティを使用すると、上下左右のパディングをまとめて指定できます。値は半角スペースで区切って最大4個まで指定でき、指定された個数によって何番目の値が上下左右のどこに適用されるのかが決まっています。

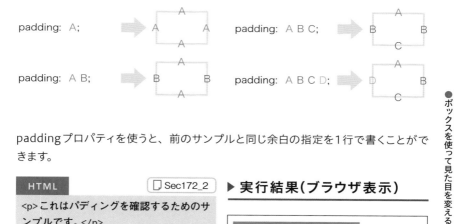

paddingプロパティを使うと、前のサンプルと同じ余白の指定を1行で書くことができます。

HTML ☐ Sec172_2

```
<p>これはパディングを確認するためのサンプルです。</p>
```

CSS ☐ Sec172_2

```
p {
    padding: 60px 30px 30px 60px;
    width: 100px;
    color: white;
    background-color: #55aaff;
}
```

▶ **実行結果(ブラウザ表示)**

第9章
第10章
●ボックスを使って見た目を変える 第11章
第12章
第13章
第14章
第15章

ボックスとの距離を空ける
margin

ボックスのボーダーから外側の、背景の表示されない余白をマージンと言います。上下左右を個別に設定するための各プロパティと、上下左右をまとめて設定できるプロパティが用意されています。

第9章
第10章
第11章
第12章
第13章
第14章
第15章

●ボックスを使って見た目を変える

≫ 上下左右を個別に設定するプロパティ

要素/プロパティ

> CSS **margin-top: 長さ;**
>
> CSS **margin-bottom: 長さ;**
>
> CSS **margin-left: 長さ;**
>
> CSS **margin-right: 長さ;**

マージンには、上下左右を個別に設定するために4つのプロパティが用意されています。値には単位を付けた数値とキーワード「auto」が指定できます。次の例では、左右のマージンを「auto」にしています。左右のマージンが「auto」になっていると、両方の余白が同じ距離になり、結果としてボックスは左右の中央に配置されます。

HTML	📄 Sec173_1

```
<p>これはマージンを確認するためのサンプルです。</p>
```

CSS	📄 Sec173_1

```
p {
    margin-top: 50px;
    margin-left: auto;
    margin-right: auto;
    width: 100px;
    color: white;
    background: #77BB44;
}
```

▶ **実行結果（ブラウザ表示）**

> これはマージンを確認するためのサンプルです。

≫ 上下左右をまとめて設定するプロパティ

要素/プロパティ

CSS margin: 長さ;

marginプロパティを使用すると、上下左右のマージンをまとめて指定できます。値は半角スペースで区切って最大4個まで指定でき、指定された個数によって何番目の値が上下左右のどこに適用されるのかが決まっています。

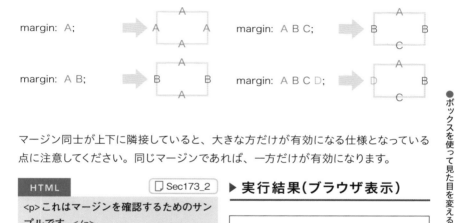

マージン同士が上下に隣接していると、大きな方だけが有効になる仕様となっている点に注意してください。同じマージンであれば、一方だけが有効になります。

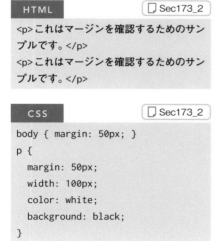

HTML ☐ Sec173_2

```
<p>これはマージンを確認するためのサン
プルです。</p>
<p>これはマージンを確認するためのサン
プルです。</p>
```

CSS ☐ Sec173_2

```
body { margin: 50px; }
p {
  margin: 50px;
  width: 100px;
  color: white;
  background: black;
}
```

▶ **実行結果（ブラウザ表示）**

これはマージ
ンを確認する
ためのサンプ
ルです。

これはマージ
ンを確認する
ためのサンプ
ルです。

画像の隙間の余白を削除する
vertical-align: bottom;

img要素で画像を表示させると、その下にはわずかな隙間ができます。img要素を含むボックスに背景を表示させると、そのことが確認できます。このような隙間をなくすには、img要素に「vertical-align: bottom;」を指定します。

≫ 画像の下の隙間をなくす

要素/プロパティ

> **CSS** vertical-align: bottom;

img要素を含むインライン要素の下には、アルファベットの小文字の「g」や「y」などのベースラインから下にはみ出る部分を表示させるための領域が確保されています。そのため、画像を配置すると、画像の下にはわずかな隙間ができています。

> 画像の下に隙間ができ、背景の黄色い部分が見えています

この隙間は、img要素に「vertical-align: bottom;」を指定することでなくなります。

HTML	📄 Sec174
`<p><img src="sky.jpg" alt=""></p>`	

CSS	📄 Sec174
`p { background: #ffcc00; }` `img { vertical-align: bottom; }`	

▶ 実行結果(ブラウザ表示)

> 画像の下の隙間がなくなりました

SECTION 175
CSS

背景画像の大きさを可変にする
background-size: cover;

背景画像の大きさは、ウインドウの大きさや画面の縦置き、横置きなどに合わせて変化するように設定することも可能です。background-sizeプロパティを使用すると、常に1枚の画像で表示領域全体を覆うように表示させることができます。

≫ 1枚の画像で表示領域全体をカバーする

要素/プロパティ

CSS **background-size: cover;**

background-sizeプロパティの値として「cover」を指定すると、1枚の背景画像で表示領域全体を覆うようになります。次の例では、写真中央にある白い蘭(サギソウ)の花を中心に背景を表示させるために、background-positionで中央を基準に表示されるように設定しています。

CSS　　　　　　　　　　　　　　　　　　　　　　　　　　　　　□ Sec175

```
html, body { height: 100%; }
body {
  background-image: url(ss.jpg);
  background-size: cover;
  background-position: center;
}
```

▶ 実行結果(ブラウザ表示)

中央を基準に、表示領域全体に
背景画像が表示されています

第9章

第10章

●ボックスを使って見た目を変える　第11章

第12章

第13章

第14章

第15章

311

ボックスの重ね順を指定する
z-index

positionプロパティで絶対配置または相対配置している要素は、z-indexプロパティで重ね順を変更できます。なにも指定していない状態では0で、数が大きいほど重ね順が上に、数が小さいほど重ね順が下に移動します。

≫ 重ね順を整数で指定

要素/プロパティ

CSS **z-index: 重ね順;**

z-indexプロパティは、positionプロパティの値がrelative（相対配置）やabsolute（絶対配置）、fixed（固定位置）になっている要素に指定可能なプロパティです。値は整数で指定し、値の大きなものほど上に重なって表示されます。なにもしていない状態は0になります。負の値も指定可能です。

次の例では、3つのdiv要素を絶対配置で重ねて表示させていますが、z-indexで順序を変更していないと次のような表示になります。

▶ CSSでz-indexを指定していない実行結果（ブラウザ表示）

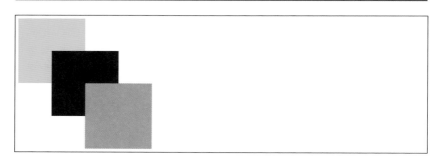

z-indexプロパティを使用することで、次のように重ね順を変更できます。

第 9 章

第 10 章

第 11 章

第 12 章

第 13 章

第 14 章

第 15 章

●ボックスを使って見た目を変える

HTML ☐ Sec176

```html
<div id="A"></div>
<div id="B"></div>
<div id="C"></div>
```

CSS ☐ Sec176

```css
div {
  width: 100px;
  height: 100px;
  position: absolute;
}
#A {
  z-index: 2;
  background: pink;
  top: 0;
  left: 0;
}
#B {
  z-index: 1;
  background: black;
  top: 50px;
  left: 50px;
}
#C {
  background: silver;
  top: 100px;
  left: 100px;
}
```

▶ CSSでz-indexを指定した実行結果(ブラウザ表示)

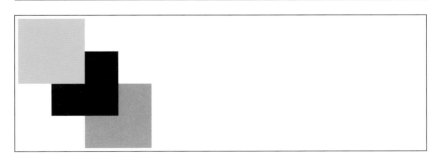

ボックスの大きさを変更可能にする
resize: both;

textarea要素などの一部の要素を除いて、ほとんどの要素はユーザーが自由に大きさを変えることができない状態になっています。これを変更可能にするには、resizeプロパティを使用します。

第9章

第10章

●ボックスを使って見た目を変える

第11章

第12章

第13章

第14章

第15章

≫ 幅と高さを変更可能にする

要素/プロパティ

CSS **resize: both;**

resizeプロパティの値に「both」を指定すると、ボックスの幅も高さも自由に変更できるようになります。幅だけを変更可能にする場合は値に「horizontal」を、高さだけを変更可能にする場合は「vertical」を指定します。なお、resizeプロパティは、overflowプロパティの値が「visible（初期値）」以外になっている要素にしか指定できません。そのため、次の例では「overflow: auto;」も指定しています。

HTML	🗋 Sec177

```
<div></div>
```

▶ 実行結果（ブラウザ表示）

CSS	🗋 Sec177

```
div {
    width: 100px;
    height: 100px;
    border: 6px solid #eeccff;
    background: #fafafa;
    resize: both;
    overflow: auto;
}
```

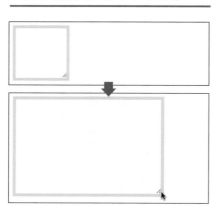

SECTION
178
CSS

ボックス全体を常に半透明にする opacity

ボックス全体を半透明にするには、opacityプロパティを使用します。値には0 〜 1の範囲の数値が指定でき、0が完全に透明、1が完全に不透明となります。値として0.5を指定すると、ちょうど中間の半透明になります。

≫ 半透明にする

要素/プロパティ

CSS opacity: 不透明度;

opacityプロパティは、ボックスのボーダーや背景なども含めた全体を半透明にするためのプロパティです。値は数値で指定しますが、0が透明で1が不透明となっています。その間の値を小数で指定することで、透明度を調整できます。

HTML	📄 Sec178

```html
<h1>半透明にする</h1>
```

CSS	📄 Sec178

```css
body {
    background: url(sunset.jpg);
    background-size: cover;
}
h1 {
    opacity: 0.5;
    border: 5px solid black;
    padding: 0.3em;
    background: white;
}
```

▶ 実行結果（ブラウザ表示）

背景をグラデーションにする
linear-gradient

値として「url( )」の書式で画像を指定できるプロパティには、画像の代わりにグラデーションを指定することもできます。値の指定方法はいくつかありますが、基本的には「方向」と「色を2つ」指定します。

画像の代わりにグラデーションを指定

要素/プロパティ

CSS　linear-gradient(方向, 開始色, 終了色);

「url( )」の代わりに、「linear-gradient( )」という書式を使うことによって、画像の代わりにグラデーションを表示させることができます。基本的な指定方法としては、「グラデーションの方向」と「最初の色」「最後の色」という3つの値を、順にカンマで区切って指定します。方向は上から下なら「to bottom」、下から上なら「to top」、左から右なら「to right」のように指定します。「to bottom right」と指定して、左上から右下方向のグラデーションも表示できます。

HTML　　　Sec179

```
<div></div>
```

CSS　　　Sec179

```
div {
  width: 200px;
  height: 100px;
  background-image: linear-
gradient(to right, #55aaff, white);
}
```

▶ 実行結果(ブラウザ表示)

SECTION 180

CSS

ボックスに影を付ける
box-shadow

ボックスに影を付けるには、box-shadowプロパティを使用します。値の指定方法は文字に影を付けるtext-shadowとほぼ同じですが、影をボックスの内側に表示させるキーワード「inset」が指定できます。

≫ ボックスの影を指定

要素/プロパティ

CSS **box-shadow: 右への距離 下への距離 ぼかす距離 拡張する距離 色 inset;**

box-shadowプロパティは、ボックスに影を表示させるプロパティです。値は半角スペースで区切って複数指定可能ですが、数値は順番で役割が決まっているため、連続して指定する必要があります。数値は影を表示させる位置とぼかし具合を指定するもので、4番目の値で影を大きくすることもできます。色とキーワード「inset」は連続する数値の前後どちらにでも順不同で指定可能です。「inset」を指定すると、影はボックスの内側に表示されます。

HTML 　　　　　　　　　　　　□ Sec180

```html
<div></div>
```

CSS 　　　　　　　　　　　　□ Sec180

```css
div {
    width: 200px;
    height: 100px;
    box-shadow: 5px 5px 10px
rgba(0,0,0,0.5);
}
```

▶ 実行結果（ブラウザ表示）

第9章

第10章

●ボックスを使って見た目を変える 第11章

第12章

第13章

第14章

第15章

317

SECTION
181
CSS

ボックスの大きさの範囲を指定する
box-sizing

widthプロパティおよびheightプロパティは、ボックスの要素内容を表示する領域の幅と高さを設定するプロパティです。これをボックスのボーダーを含む範囲までの幅と高さを設定するように変更するには、box-sizingプロパティを使用します。

≫ 幅と高さの適用範囲にボーダーを含める

要素/プロパティ

CSS **box-sizing: border-box;**

CSS **box-sizing: content-box;**

box-sizingプロパティは、widthおよびheightプロパティで指定した幅と高さの適用範囲を、ボーダーを含む範囲に変更するプロパティです。値にキーワード「border-box」を指定すると、幅と高さの適用範囲がボーダーを含む範囲までとなります。初期値は「content-box;」です。この状態では、幅と高さはボーダーもパディングも含まない要素内容を表示する領域だけに適用されます。このプロパティは、widthおよびheightプロパティが適用可能なすべての要素に対して指定できます。

次の例では、widthプロパティとheightプロパティを使って2つのdiv要素の幅と高さを「100ピクセル」に設定しています。上のピンクのdiv要素には「box-sizing: border-box;」が指定されているので、ボーダーも含めて幅と高さが100ピクセルになっています。下のグレーのdiv要素には「box-sizing: content-box;」が指定されているので、要素内容を表示する領域だけで100ピクセル確保され、全体的に大きくなっています。

box-sizingプロパティの初期値は「content-box」なので、「box-sizing: content-box;」を指定しなくても表示結果は同じになります。

HTML　　　　　　　　　　　　　　　　　　　　　　□ Sec181

```
<div id="A"></div>
<div id="B"></div>
```

```css
div {
  margin-bottom: 8px;
  border: 10px solid black;
  width: 100px;
  height: 100px;
}
#A {
  background: pink;
  box-sizing: border-box;
}
#B {
  background: silver;
  box-sizing: content-box;
}
```

▶ 実行結果（ブラウザ表示）

319

ボックスの角を丸くする
border-radius

border-radiusプロパティを使用すると、ボックスの角を丸くすることができます。値を1つ
だけ指定すると4つの角がすべて同じ丸さになりますが、複数個の値を指定することで一部
だけ丸くしたり、丸さを変えたりすることもできます。

》 ボックスの角の丸さを指定

要素/プロパティ

CSS **border-radius: 角の半径;**

border-radiusプロパティの値には、角丸部分を円の1/4として見たときの「半径」を
指定します。単位付きの数値または％を付けた数値で指定できます。
次の例のように、border-collapseプロパティの値が「separate(初期値)」である表
の場合、表全体とその内部のセルの角を丸くすることができます。

HTML　　　　　　　□ Sec182_1
```
<table>
  <tr><td>1</td><td>2</td></tr>
  <tr><td>3</td><td>4</td></tr>
</table>
```

CSS　　　　　　　□ Sec182_1
```
table {
  border-radius: 15px;
  border: 5px solid #55aaff;
  border-spacing: 5px;
}
td {
  border-radius: 6px;
  padding: 0.8em;
  width: 50px;
  color: white;
  background: #ffcc00;
  text-align: center;
  font-weight: bold;
}
```

▶ 実行結果(ブラウザ表示)

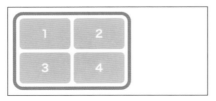

≫ 角によって異なる丸さを指定

要素/プロパティ

CSS **border-radius: 半径 半径 半径 半径;**

border-radiusプロパティには、半角スペースで区切ることで値を4つまで指定できます。指定された個数によって何番目の値がどの角に適用されるのかが、次のように決まっています。

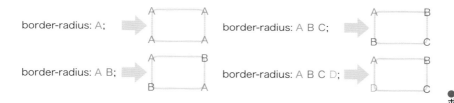

次の例では、上の2つの角だけ丸くしています。丸くしない角には0を指定します。

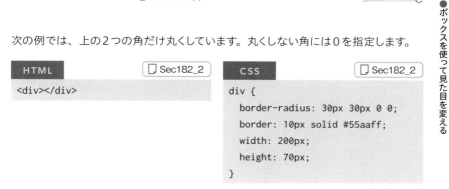

HTML ☐ Sec182_2

```html
<div></div>
```

CSS ☐ Sec182_2

```css
div {
    border-radius: 30px 30px 0 0;
    border: 10px solid #55aaff;
    width: 200px;
    height: 70px;
}
```

▶ 実行結果(ブラウザ表示)

SECTION 183 CSS

ボーダーに画像を使う
border-image-source

border-image-sourceをはじめとするいくつかのプロパティを用いることで、ボックスのボーダーを画像にすることができます。指定するのは1枚の画像ですが、縦横に9分割し、4つの角と4つの辺の部分に分割して使用できます。

≫ ボーダーを画像にする方法

要素/プロパティ

CSS	**border-image-source: url(画像のパス);**
CSS	**border-image-slice: 画像の分割位置;**
CSS	**border-image-repeat: 辺の画像を引き伸ばすか繰り返すか;**

ボーダーに表示させる画像は、border-image-sourceプロパティで指定します。背景画像を指定するときと同じように、url( ) の書式で画像のパスを指定するだけです。次の例では、縦横300ピクセルの画像を指定し、これを9分割して使用しています。

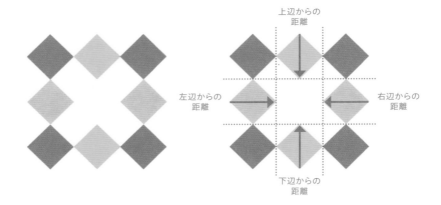

画像をどのように分割するかは、border-image-sliceプロパティで指定します。画像の上、右、下、左の各辺から画像の中心方向に向かって、どの距離までを使用するかを指定し、画像を分割する位置を示します。

下の例では、左ページの図の赤い破線の位置で分割していますので、画像は9分割されます。これによって4つの角と、上下左右の4つのボーダーとして使用される画像が決定されます。

border-image-sliceプロパティの値は、半角スペースで区切って4つまで指定できます。1つだけ指定すると、その距離は上下左右に適用され、2つなら上下と左右、3つなら上と左右と下、4つなら上、右、下、左の順に適用されます。ピクセル数の場合は単位なしで指定します。数値に％を付けたパーセンテージでも指定可能です。

辺に表示させるボーダーの画像は、引き伸ばして表示させることも、繰り返して表示させることもできます。その設定を行うのがborder-image-repeatプロパティで、次のようなキーワードが値として指定できます。

stretch	領域に合わせて画像を引き伸ばす
repeat	画像を繰り返して表示させる
round	画像を繰り返して表示させる（画像の大きさを調整してぴったり合わせる）
space	画像を繰り返して表示させる（画像の間隔を調整してぴったり合わせる）

値は2つまで指定できます。1つの場合は上下左右、半角スペースで区切って2つ指定した場合はそれぞれ上下と左右に適用されます。

次の例では、上下左右から100ピクセルで分割するように指定しています。サンプルの画像の◆マークはそれぞれ縦横100ピクセルになっています。

```html
HTML                          Sec183
<p>
このボックスには画像のボーダーを表示
させています。このボックスには画像の
ボーダーを表示させています。このボッ
クスには画像のボーダーを表示させてい
ます。
</p>
```

```css
CSS                           Sec183
body { margin: 40px; }
p {
  border: 1em solid blue;
  border-image-source: url(bdr.
png);
  border-image-slice: 100;
  border-image-repeat: round
stretch;
  padding: 1em;
  color: #777777;
}
```

▶ 実行結果（ブラウザ表示）

第9章

第10章

● ボックスを使って見た目を変える　第11章

第12章

第13章

第14章

第15章

ボックスに外枠を付ける
border-width

ボーダーの線種の初期値は「none」で、線種が「none」のときには線の太さは0になります。「none」以外が指定された場合の太さの初期値は「medium」で、実際の太さはブラウザによって異なります。

》 ボックスの外枠の太さを指定

> 要素/プロパティ

> **CSS** **border-width: 線の太さ;**

border-widthプロパティは、ボックスのボーダーの太さを指定するプロパティです。1〜4個までの値を半角スペースで区切って指定でき、指定した値の個数によって何番目の値が上下左右のどの太さとして採用されるのかが決まっています。

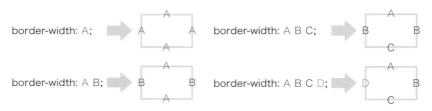

HTML	☐ Sec184

```
<div></div>
```

▶ 実行結果（ブラウザ表示）

CSS	☐ Sec184

```
div {
  border-style: solid;
  border-width: 10px;
  width: 150px;
  height: 50px;
}
```

第9章

第10章

第11章

●ボックスを使って見た目を変える

第12章

第13章

第14章

第15章

ボーダーの設定をまとめる
border

ボックスの上下左右のボーダーをまとめて設定するには、borderプロパティを使用します。ただし、marginプロパティやpaddingプロパティのように、上下左右に対して別々の値を指定することはできません。

》 上下左右を同じ線種、色、太さに設定

要素/プロパティ

CSS border: 線種 色 太さ;

borderプロパティは、ボックスの上下左右のボーダーに対して、まとめて同じ「線種」「色」「太さ」を指定できるプロパティです。半角スペースで区切り、順不同で指定できます。

HTML　　　　　　　　　　　　　　　　　　　　　　　　□ Sec185

```
<div></div>
```

CSS　　　　　　　　　　　　　　　　　　　　　　　　□ Sec185

```
div {
  border: dotted #55aaff 10px;
  width: 150px;
  height: 50px;
}
```

▶ 実行結果(ブラウザ表示)

第9章

第10章

●ボックスを使って見た目を変える　第11章

第12章

第13章

第14章

第15章

ボーダーの枠線のさらに外側を
線で囲む outline

フォームの部品を選択したときに、その周りを囲むように表示される線がアウトラインです。アウトラインはボーダーの外側に表示されますが、ボックスの上に表示されるため、レイアウトには一切影響しません。

≫ アウトラインの設定

要素/プロパティ

> CSS **outline: 線種 色 太さ;**

outlineプロパティは、ボックスに対してアウトラインを表示させるプロパティです。指定方法はborderプロパティとほぼ同じですが、線種として「hidden」は指定できないなどの違いがあります。アウトラインは、ボーダーのようにボックスの一部の領域を占めるものではないため、この指定によりボックスの大きさが変わったり、位置がずれたりすることはありません。

ボーダーは上下左右に異なるボーダーを指定できますが、アウトラインは常に上下左右が同じ線になります。そのため、outline-topのような上下左右を個別に指定するためのプロパティはありません。ただし、線種や色、太さを設定するためのoutline-style, outline-color, outline-widthというプロパティが用意されています。

HTML　　　　　　　　　　　　　　　　　　　　　　🗋 Sec186_1

```
<input type="text">
```

CSS　　　　　　　　　　　　　　　　　　　　　　🗋 Sec186_1

```
input { border: 5px solid silver; }
input:focus { outline: 5px solid red; }
```

▶ 実行結果(ブラウザ表示)

アウトラインとボーダーの間隔を設定

要素/プロパティ

CSS outline-offset: 間隔;

outline-offsetプロパティを使用すると、アウトラインとボーダーの間隔を設定でき
ます。値には、単位を付けた数値を指定します。

HTML 　　　　　　　　　　　　　　　　　　　　　　　　　□ Sec186_2

```
<input type="text">
```

CSS 　　　　　　　　　　　　　　　　　　　　　　　　　□ Sec186_2

```
input { border: 5px solid silver; }
input:focus {
  outline: 5px solid red;
  outline-offset: 5px;
}
```

▶ 実行結果(ブラウザ表示)

SECTION 187 Article

ボックスを画面の中央に配置する

ボックスを特定の領域内の縦横の中央に配置するには、様々な方法があります。ここでは、絶対配置を使用した方法とFlexboxを使用した方法、グリッドレイアウトを使用した方法の3種類を紹介します。

≫ 絶対配置で中央に配置

要素/プロパティ

> **CSS** position: absolute;
>
> **CSS** top: 50%;
>
> **CSS** left: 50%;
>
> **CSS** transform: translate(-50%, -50%);

HTML	📄 Sec187_1

```html
<div id="A">
  <div id="B"></div>
</div>
```

CSS	📄 Sec187_1

```css
#A {
  position: relative;
  background: #eeeeee;
  height: 250px;
}
#B {
  position: absolute;
  top: 50%;
  left: 50%;
  transform: translate(-50%, -50%);
  background: hotpink;
  width: 100px;
  height: 100px;
}
```

▶ 実行結果（ブラウザ表示）

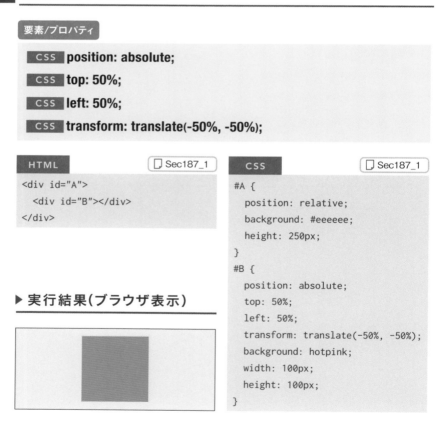

はじめに、絶対配置の基準とするボックスに「position: relative;」を指定します。ページ全体の中央に配置するのであれば、この指定は不要です。次に、中央に配置したいボックスに「position: absolute;」を指定し、基準ボックスの上から50%、左から50%の位置に配置します。すると、ボックスの左上が基準ボックスの中央となる位置に配置されます。transformプロパティを使い、自身のボックスの幅と高さの半分の距離だけ左上に移動させると完成です。

≫ Flexboxで中央に配置

要素/プロパティ

`CSS` **display: flex;**

`CSS` **justify-content: center;**

`CSS` **align-items: center;**

まず、中央に配置したい要素の親要素に「display: flex;」を指定して、Flexboxにします。さらに「justify-content: center;」を指定すると、子要素は横方向の中央に配置されるようになり、「align-items: center;」を指定すると子要素は縦方向の中央に配置されるようになります。

HTML	📄 Sec187_2

```html
<div id="A">
  <div id="B"></div>
</div>
```

▶ **実行結果（ブラウザ表示）**

CSS	📄 Sec187_2

```css
#A {
    display: flex;
    justify-content: center;
    align-items: center;
    background: #eeeeee;
    height: 250px;
}
#B {
    background: dodgerblue;
    width: 100px;
    height: 100px;
}
```

第9章

第10章

第11章

第12章

第13章

第14章

第15章

● ボックスを使って見た目を変える

≫ グリッドレイアウトで中央に配置

要素/プロパティ

CSS **display: grid;**

CSS **justify-self: center;**

CSS **align-self: center;**

まず、中央に配置したい要素の親要素に「display: grid;」を指定して、グリッドレイアウトにします。次に、中央に配置したい子要素側に「justify-self: center;」を指定すると横方向の中央に配置されるようになり、「align-self: center;」を指定すると縦方向の中央に配置されるようになります。

HTML　　　　　　　　　　　Sec187_3

```
<div id="A">
  <div id="B"></div>
</div>
```

CSS　　　　　　　　　　　Sec187_3

```
#A {
  display: grid;
  grid-template-columns: 1fr;
  grid-template-rows: 250px;
  background: #eeeeee;
}
#B {
  justify-self: center;
  align-self: center;
  background: gold;
  width: 100px;
  height: 100px;
}
```

▶ 実行結果(ブラウザ表示)

第9章

第10章

第11章

第12章

第13章

第14章

第15章

● ボックスを使って見た目を変える

SECTION 188 Article

ボックスを非表示にする

ボックスを非表示にする方法はいくつかありますが、ここではボックスの存在自体を消してしまう方法と、ボックスは存在して領域は確保されるけれども見えなくなる方法の2つを紹介します。

≫ 消す前の状態を確認

ボックスを非表示にする2種類の方法を説明する前に、消え方の違いがわかるよう、ボックスを消す前の状態を確認しておきましょう。div要素の中にp要素が2つ入っており、div要素の背景を黒にしています。黒いボーダーのように見えているのは、div要素のパディングです。p要素は上(#A)を水色(dodgerblue)、下(#B)をピンク(hotpink)にしています。次ページの例では、この水色のp要素を非表示にします。

```html
HTML                    Sec188_1
<div>
  <p id="A"></p>
  <p id="B"></p>
</div>
```

```css
CSS                     Sec188_1
div {
  background: black;
  padding: 5px;
}
p {
  margin: 0;
  height: 100px;
}
#A { background: dodgerblue; }
#B { background: hotpink; }
```

▶ 実行結果(ブラウザ表示)

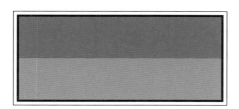

» ボックスの存在自体を消す方法

CSS **display: none;**

水色のp要素（#A）に「display: none;」を加えると、次のようにボックスごとなくなります。要素が存在していない状態と同じ状態になります。

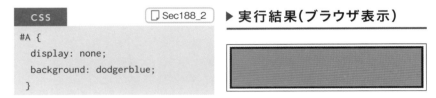

CSS　　　　□ Sec188_2

```css
#A {
  display: none;
  background: dodgerblue;
}
```

▶ **実行結果（ブラウザ表示）**

» 領域は確保されるが見えなくなる方法

CSS **visibility: hidden;**

水色のp要素（#A）に「visibility: hidden;」を加えた場合は、次のようにボックスが透明になったように見えなくなります。ただし、ボックスが見えなくなるだけで、表示されていた領域は確保されたまま変化しません。

CSS　　　　□ Sec188_3

```css
#A {
  visibility: hidden;
  background: dodgerblue;
}
```

▶ **実行結果（ブラウザ表示）**

レイアウトや
デザインを変える

SECTION
189
Article

スタイルの継承ってなに？

CSSのプロパティの中には、親要素から子要素へと値を自動的に継承するものと、しないものがあります。たとえば、colorやfont-sizeなどのプロパティは値を継承しますが、背景関連やボーダー関連のプロパティは基本的に継承しません。

第9章

第10章

第11章

第12章

●レイアウトやデザインを変える

第13章

第14章

第15章

≫ 継承とは？

下の例では、body要素に「color: tomato;」を指定しただけで、その子要素のh1要素が同じ色になっています。h1要素の子要素であるem要素も同じ色です。CSSのプロパティの中には、このように親要素の値を自動的に引き継ぐものと引き継がないものがあります。

継承される値が数値の相対値（％など）の場合、そのままの値ではなく計算結果が継承されます。たとえば、下の例ではem要素に継承されるフォントサイズは30px（15pxの200%）となります。

HTML	🗋 Sec189

```html
<body>
<h1>これは<em>見出し</em>です！</h1>
</body>
```

CSS	🗋 Sec189

```css
body {
    color: tomato;
    font-size: 15px;
}
h1 { font-size: 200%; }
```

▶ 実行結果（ブラウザ表示）

これは*見出し*です！

なお、値を継承しないプロパティであっても、「inherit」というキーワードを指定することで値を継承させることができます。

フッターにサイトマップを表示する
\<ul> \<li>

一般にフッターのサイトマップは、まとまった単位ごとにul要素でマークアップして作成します。リストのマーカーは、CSSのlist-style-typeプロパティで消すよりも、「display: block;」を適用した方が取り扱いが楽になります。

≫ フッターのサイトマップをつくる

要素/プロパティ

HTML **\<ul>\<li>サイトマップの項目\</li> … \</ul>**

フッターのサイトマップのような構造をマークアップするには、ul要素を使用します。サイトマップの各項目をli要素に入れてリンクにし、「display: block;」を適用してマーカーのボックスを消してしまうと、わかりやすく調整できます。CSSの指定はサンプルファイルを参照してください。

HTML　　　　　　　　　　　　　　　　　　　　　　　　　　📄 Sec190

```html
<footer>
  <ul>
    <li><a href="">サイトマップ項目1</a></li>
    <li><a href="">サイトマップ項目2</a></li>
    <li><a href="">サイトマップ項目3</a></li>
    <li><a href="">サイトマップ項目4</a></li>
  </ul>
  〜中略〜
</footer>
```

▶ 実行結果（ブラウザ表示）

サイトマップ項目1	サイトマップ項目5
サイトマップ項目2	サイトマップ項目6
サイトマップ項目3	サイトマップ項目7
サイトマップ項目4	サイトマップ項目8

●レイアウトやデザインを変える

ページの中にほかのページを
表示する <iflame>

ページの中にほかのページを表示させるには、<iflame>を使用します。src属性にほかのページのURLを指定し、widthプロパティとheightプロパティで幅と高さを設定します。このようにして表示される別ページの領域のことを、インラインフレームと言います。

第9章

第10章

第11章

第12章

●レイアウトやデザインを変える

第13章

第14章

第15章

>> 別のHTML文書を表示させる

要素/プロパティ

> **HTML** **<iframe src="ほかのページ" width="幅" height="高さ">**
> **</iframe>**

iframe要素は、HTML文書内にさらに別の文書を表示させる要素です。表示させたい文書のパスをsrc属性に指定し、幅と高さはwidthプロパティとheightプロパティで指定します。iframeとはインラインフレームの意味です。

iframe要素には、要素内容を入れることもできます。要素内容を入れた場合、その内容はiframe要素に未対応の環境や、インラインフレームを表示させない設定になっている環境でのみ表示されます。

HTML   📄 Sec191

```
<iframe src="blue.html" width="200" height="100"></iframe>
```

▶ 実行結果(ブラウザ表示)

他のページ

ページ全体の幅と高さを設定する
width　height

ページ全体の幅と高さを設定するには、すべてのコンテンツをdiv要素の内部に入れ、そのdiv要素の幅と高さを指定します。そのdiv要素を横方向の中央に配置したい場合は、左右のマージンを「auto」にします。

》 コンテンツ全体を囲うdiv要素を用意する

要素/プロパティ

CSS width: 幅;

CSS height: 高さ;

コンテンツ全体を特定の幅の範囲内に表示させる場合は、コンテンツ全体を囲うdiv要素を追加して、そのdiv要素に幅を指定します。必要に応じて高さも指定可能です。このdiv要素の左右のマージンを「auto」にすると、コンテンツ全体を横方向の中央に配置できます。次の例では、div要素の領域の範囲がわかるように、グレーの背景色を指定しています。

HTML ☐ Sec192

```
<div id="wrapper">
～ここにすべてのコンテンツを入れる～
</div>
```

CSS ☐ Sec192

```
#wrapper {
  width: 300px;
  height: 200px;
  margin: 0 auto;
  background: #dddddd;
}
```

▶ 実行結果(ブラウザ表示)

第9章

第10章

第11章

●レイアウトやデザインを変える 第12章

第13章

第14章

第15章

337

ページの背景色を設定する
background-color

ページ全体の背景色を設定するには、body要素に対してbackground-colorプロパティを指定します。背景関連をまとめて指定できるbackgroundプロパティでも可能ですが、その場合は指定していない値は初期値に戻ります。

» body要素の背景色を指定

要素/プロパティ

css **background-color: 色;**

background-colorは、背景色を設定するプロパティです。これをbody要素に指定すると、ページ全体の背景色を設定できます。

背景色は、背景関連の値をまとめて指定できるbackgroundプロパティでも設定できます。ただし、このプロパティを使った場合、指定していないほかの値は初期値にリセットされる点に注意してください。

CSS　　　　　　　　　　　　　　　　　　　　　　　　　　　□ Sec193

```
body { background-color: yellowgreen; }
```

▶ 実行結果(ブラウザ表示)

SECTION 194
CSS

幅の上限値や最小値を決める
min-width　max-width

幅の変化する範囲を制限したい場合は、min-widthプロパティとmax-widthプロパティを使用します。これらは常にセットで使用する必要はなく、制限したい方だけを単独で使用することも可能です。

》 幅の下限と上限を設定

要素/プロパティ

> **CSS** min-width: 幅の下限;
>
> **CSS** max-width: 幅の上限;

min-widthプロパティでは幅の下限を設定し、max-widthプロパティでは幅の上限を設定します。どちらのプロパティでも、単位を付けた数値が指定可能です。

HTML	Sec194
`<div></div>`	

```css
div {
    min-width: 500px;
    max-width: 600px;
    height: 100px;
    background: #bb66ee;
}
```

▶ 実行結果（ブラウザ表示）

div要素の幅は下限よりも小さくならず、上限よりも大きくなりません

SECTION

195

Article

CSS関数ってなに?

CSSのプロパティには、数値やキーワードといった一般的な値のほかに、特別な機能を持った「○○○( )」という書式の値を指定することもできます。そのような書式は「CSS関数」と呼ばれており、様々な用途のものが定義されています。

≫ CSS関数

要素/プロパティ

css ○○○( )

CSS関数とは、プロパティの値もしくは値の一部として使用できる「○○○( )」というような書式を指します。たとえば、背景画像の代わりにグラデーションを表示する「linear-gradient( )」もCSS関数であり、長さを指定する際に計算式を指定する「calc( )」もCSS関数です。

代表的なCSS関数には、次のようなものがあります。

関数	機能
calc( )	長さを指定する際に計算式を指定できる
attr( )	content プロパティの値として使用し、指定された属性の値を追加する
blur( )	filter プロパティの値として使用し、要素をぼかす
rgba( )	色を 10 進数の RGB 値で指定し、透明度も指定できる
hsla( )	色を色相、彩度、明度で指定し、透明度も指定できる
linear-gradient( )	画像の代わりに直線状のグラデーションを表示させる
radial-gradient( )	画像の代わりに放射状のグラデーションを表示させる

第9章

第10章

第11章

第12章

●レイアウトやデザインを変える

第13章

第14章

第15章

フッターを常に下に表示する
calc( )

calc( ) 関数を使用すると、複数の値から導き出された計算結果を値として指定できます。ここでは、ページ内のコンテンツが少なくても、フッターを常にページ内の最下部に表示させる方法を紹介します。

≫ 全体からフッター分を引いた高さをコンテンツの高さにする

要素/プロパティ

> **CSS** min-height: calc(100vh - フッターの高さ);

次の例のCSSでは、フッター以外のコンテンツがすべて入っている #wrapper の高さの最小値として、「calc(100vh - 70px)」を指定しています。この関数によって高さの最小値は、表示領域全体の高さである100vhから、フッターに指定している高さ70pxを引いた値になります。こうすることで、コンテンツが少ない状態でもフッターは常にページ最下部に表示されるようになります。

HTML	🗋 Sec196

```html
<div id="wrapper"></div>
<footer>フッター</footer>
```

CSS	🗋 Sec196

```css
body { margin: 0; }
#wrapper { min-height: calc(100vh -
70px); }
footer {
  height: 70px;
  color: white;
  background: #55aaff;
  text-align: center;
}
```

▶ 実行結果（ブラウザ表示）

フッター

第 9 章

第 10 章

第 11 章

● レイアウトやデザインを変える

第 12 章

第 13 章

第 14 章

第 15 章

SECTION 197
画像をぼかす
blur( )

CSS

filterプロパティの値に blur( ) 関数を使用すると、指定された要素全体をぼかして表示することができます。画像はもちろんのこと、見出しや本文などのテキストもぼかした表示が可能です。

» ぼかして表示させる

要素/プロパティ

> **CSS** **filter: blur(ぼかし具合);**

次の例では、画像の上にカーソルをのせたときに、画像をぼかすようにしています。ぼかす指定は「filter: blur(5px);」の部分で、blur( ) に指定した値が大きいほどぼかし具合が強くなります。blur( ) で指定した値が0だと、ぼかさない表示になります。

HTML 📄 Sec197

```
<img src="mail.png" alt="">
```

CSS 📄 Sec197

```
img:hover { filter: blur(5px); }
```

▶ 実行結果（ブラウザ表示）

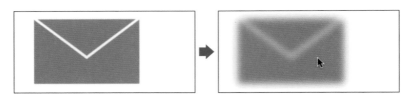

SECTION
198
CSS

文字に影を付ける
text-shadow

文字に影を付けるには、text-shadowプロパティを使用します。値の指定方法はボックスに影を付けるbox-shadowとほぼ同じですが、キーワード「inset」を指定したり、4つ目の数値を指定することはできません。

文字の影を指定

要素/プロパティ

CSS **text-shadow: 右への距離 下への距離 ぼかす距離 色;**

text-shadowプロパティは、文字に影を表示させるプロパティです。値は半角スペースで区切って複数指定可能ですが、数値は順番で役割が決まっているため、連続して指定する必要があります。数値は元の文字に対する影の位置とぼかし具合を指定するもので、右への距離、下への距離、ぼかす距離の順に続けて指定してください。色は連続する数値の前後どちらにでも指定可能です。

HTML　　　　　　　　　　　　　　　　　　　　　　　　□ Sec198
```
<h1>文字に影を付ける</h1>
```

CSS　　　　　　　　　　　　　　　　　　　　　　　　□ Sec198
```
h1 { text-shadow: 2px 2px 4px rgba(0,0,0,0.6); }
```

▶ 実行結果(ブラウザ表示)

文字に影を付ける

SECTION 199
CSS

文字の左右に水平な線を引く
::before　::after

文字の左右に水平な線を引くには、最初にテキストを含む要素をFlexboxにして、contentプロパティでテキストの前後に空のボックスを追加します。空のボックスの背景色をテキストと同じにして高さを数ピクセルにすると、線が引かれているように見えます。

第9章

第10章

第11章

第12章

●レイアウトやデザインを変える

第13章

第14章

第15章

≫ 前後に空の要素を追加して線のように細くする

一般的に考えると、文字の左右に水平な線を引く対象となるのは見出しであると思われるため、今回の例のHTMLではh2要素を使っています。
HTMLでは特別なことをする必要はなく、シンプルに見出しのタグでテキストを囲うだけです。

HTML　　　　　　　　　　　　　　　　　　　　　　　🗋 Sec199

```
<h2>左右に水平な線</h2>
```

CSSではまず、h2要素に「display: flex;」を指定してFlexboxにしています。これによってh2要素の内容は横に並ぶことになります。これに加えて「align-items: center;」を指定することで、h2要素のすべての内容は縦方向の中央に揃えて表示されるようになります。この例では、さらに幅を18emにして左右のマージンをautoにすることで、h2要素を横方向の中央に配置しています。
次に、セレクタに「::before」と「::after」を使用して、contentプロパティでテキストの前後に空のコンテンツを追加します。flex-grow:プロパティで同じ数値(1)を指定し、前後のボックスに同じ比率で幅が割り当てられるようにします。この前後のボックスを線に見えるようにするので、テキスト同じ色(black)を背景として指定します。高さを文字の太さと同じ程度(今回の例では2px)にすると、テキストの前後に線が引かれているように見えます。
最後に、追加した前後の線とテキストの間隔を調整します。テキストの前のボックスには0.5emの右マージンを、あとのボックスには0.5emの左マージンを設定すると完成です。

```css
h2 {
  display: flex;
  align-items: center;
  width: 18em;
  margin: auto;
}
h2:before, h2:after {
  content: "";
  flex-grow: 1;
  background: black;
  height: 2px;
}
h2:before { margin-right: 0.5em; }
h2:after { margin-left: 0.5em; }
```

▶ **実行結果（ブラウザ表示）**

──────── 左右に水平な線 ────────

最初や最後のみ色を変更する
:first-child　:last-child

同じ階層にある要素の中で、先頭の要素をCSSの適用対象とするには、擬似要素と呼ばれるセレクタの1つである「:first-child」を使用します。同様に最後の要素を適用対象とするには、「:last-child」を使用します。

≫ 最初の要素や最後の要素にスタイルを適用

要素/プロパティ

```
CSS :first-child { … }
CSS :last-child { … }
```

「:first-child」は、要素の親子関係において同じ階層にある要素の中で、先頭にある要素を適用対象とするセレクタです。「:last-child」は、それとは反対に、最後にある要素を適用対象とします。

HTML　　　　　　　　　　　　　　　　　　　　　　　　　　　　　　　　🗋 Sec200

```
<input type="button" value="ボタン1"><br>
<input type="button" value="ボタン2"><br>
<input type="button" value="ボタン3">
```

CSS　　　　　　　　　　　　　　　　　　　　　　　　　　　　　　　　🗋 Sec200

```
input[type="button"]:first-child { background: deepskyblue; }
input[type="button"]:last-child { background: hotpink; }
input[type="button"] { border-radius: 5px; }
```

▶ 実行結果(ブラウザ表示)

ボタン1
ボタン2
ボタン3

画像を3Dに変形させる
transform　transition

transformプロパティを使用すると、画像やボックスを移動、拡大縮小、回転させられるほか、その状態を遠近法で表示できます。また、transitionプロパティを使用すると、その変化の過程を動きを伴って表示可能です。

≫ 要素の形や配置を変えるtransformプロパティ

要素/プロパティ

CSS **transform: 関数( ) 関数( ) … ;**

transformプロパティは、関数形式の値を必要なだけ半角スペースで区切って指定することで、画像やボックスの移動、拡大縮小、回転などができるプロパティです。perspective( )関数を使用すると、画像やボックスを遠近法の表示に切り替えることができます。transformプロパティに指定可能な主な関数は次のとおりです。

関数	機能
translate(移動距離 , 移動距離)	右方向、下方向の順に移動距離を単位を付けて指定。値が1つのときは右のみに移動
translateX(移動距離)	右方向への移動距離を単位を付けて指定
translateY(移動距離)	下方向への移動距離を単位を付けて指定
scale(拡大縮小率 , 拡大縮小率)	横方向、縦方向の順に拡大縮小率を単位なしの実数で指定。値が1つのときは縦横の両方に適用
scaleX(拡大縮小率)	横方向の拡大縮小率を単位なしの実数で指定
scaleY(拡大縮小率)	縦方向の拡大縮小率を単位なしの実数で指定
rotate(角度)	回転させる角度を「deg（度）」などの単位を付けて指定
rotateX(角度)	X軸を回転軸として回転させる角度を「deg（度）」などの単位を付けて指定
rotateY(角度)	Y軸を回転軸として回転させる角度を「deg（度）」などの単位を付けて指定
rotateZ(角度)	Z軸を回転軸として回転させる角度を「deg（度）」などの単位を付けて指定
perspective(視点からの距離)	遠近法で表示させる度合いを決定するための、ユーザー視点からの距離を指定

次の例では、transformプロパティのperspective( )関数を使って画像を遠近法の表示に切り替え、Y軸を回転軸として45°回転した状態で表示させています。

第9章

第10章

第11章

●レイアウトやデザインを変える　第12章

第13章

第14章

第15章

```html
<img src="panda.jpg" alt="野生のパンダ">
```

```css
img { transform: perspective(480px) rotateY(45deg); }
```

▶ 実行結果（ブラウザ表示）

≫ 切り替え効果を演出するtransitionプロパティ

要素/プロパティ

CSS transition: 対象プロパティ名 変化にかける時間;

transitionプロパティを使うと、特定のプロパティの値が変化したときに、その変化をアニメーションのように動かして見せることができます。通常、transformプロパティでの変化は一瞬で終了します。その変化を、実際に要素が移動したり回転したりしているように見せたい場合に使用するのが、このtransitionプロパティです。

値には、その変化の過程をアニメーションのように見せるプロパティの名前と、変化に要する時間を指定します。時間は、通常は単位「s」を付けて秒数で指定します。

次の例では、前の例と同様にtransformプロパティを使用して、画像の上にポインターをのせたときに画像を180°回転させます。そしてそのtransformプロパティの変化する様子を、0.8秒かけてアニメーションのように表示させています。下の画像は、画像がY軸を中心にちょうど180°回転して裏側から透けて見えている状態です。

```html
<div>
  <img src="panda.jpg" alt="野生のパンダ">
</div>
```

```css
div { text-align: center; }
img:hover {
  transition: transform 0.8s;
  transform: perspective(480px) rotateY(180deg);
}
```

▶ 実行結果（ブラウザ表示）

SECTION 202 CSS

かんたんなアニメーションをつくる @keyframes

@keyframesという特別な書式とanimationプロパティを使用することで、時間軸のどのタイミングでどのプロパティをどのように変化させるのかを指定できます。時間軸でのタイミングは、全再生時間のうちの何パーセントの時点かで指定します。

» @keyframesの書式

要素/プロパティ

> **CSS** **@keyframes 名前 { … }**

animationプロパティでは、どの@keyframesで指定されているアニメーションを何秒かけて再生させるかを指定します。@keyframesでは、その再生時間のうちの何パーセントのときに、どのプロパティがどの値になるのかを次の書式で指定します。

```css
@keyframes 名前 {
  0% {
    プロパティ: 値;
    プロパティ: 値;
  }

  ～中略～

  100% {
    プロパティ: 値;
    プロパティ: 値;
  }
}
```

プロパティの値を変化させるタイミングの%は自由ですが、0%と100%は必ず指定する必要があります。「0%」は「from」、「100%」は「to」と書くこともできます。また、各タイミングで指定するプロパティの数は自由です。

第9章
第10章
第11章
第12章　●レイアウトやデザインを変える
第13章
第14章
第15章

第
9
章

第
10
章

第
11
章

● レイアウトやデザインを変える 第12章

第
13
章

第
14
章

第
15
章

要素/プロパティ

CSS **animation: 名前 再生時間 オプション … ;**

CSS **@keyframes 名前 { … }**

次の例のHTMLでは、内容が空のdiv要素が1つあるだけです。CSSでは、それを
縦横50ピクセルの正方形にして、「sample1」という名前を付けた@keyframesの
アニメーションを1.5秒で再生するように指定しています。オプションの「infinite」は
アニメーションをずっと繰り返させる指定で、「alternate」は繰り返す際に偶数回目
は逆再生させる指定です。

@keyframesでは、最初に背景色を「hotpink」にし、50%のときには背景色を
「yellow」に変え、100%のときには背景色を「deepskyblue」、大きさは3倍、右に
120ピクセル移動、360°回転するように指定しています。

HTML   🗋 Sec202_1

```
<div></div>
```

▶ 実行結果(ブラウザ表示)

CSS   🗋 Sec202_1

```
div {
  width: 50px;
  height: 50px;
  animation: sample1 1.5s infinite
alternate;
}
@keyframes sample1 {
  0% {
    background-color: hotpink;
  }
  50% {
    background-color: yellow;
  }
  100% {
    background-color: deepskyblue;
    transform: scale(3)
translate(120px) rotate(360deg);
  }
}
```

351

» 画像の立体的なアニメーションの例

次の例では、前のセクションのサンプルを使用して、画像がY軸を中心にくるくると
回り続けるアニメーションを表示させています。

animationプロパティのオプションとして使用している「linear」は、アニメーション
を一定速度で実行させるための指定です。このサンプルでは、単純に回り続ける動
きのため、速度を一定にするために「linear」を指定しています。

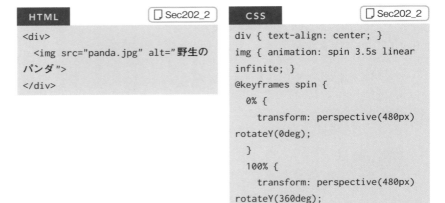

HTML   📄 Sec202_2

```
<div>
  <img src="panda.jpg" alt="野生の
パンダ">
</div>
```

CSS   📄 Sec202_2

```
div { text-align: center; }
img { animation: spin 3.5s linear
infinite; }
@keyframes spin {
  0% {
    transform: perspective(480px)
rotateY(0deg);
  }
  100% {
    transform: perspective(480px)
rotateY(360deg);
  }
}
```

▶ 実行結果（ブラウザ表示）

第 13 章

段組や複数カラムの
レイアウトをつくる

段組をつくる

一般にWebデザインにおいて「段組」は、1つのボックスの内部を何列かに（縦に）分割して表示させることを指します。「複数カラム」は、複数のボックスを横に並べて表示させることを指します。

》 段組

一般的な用語としての「段組」や「複数カラム」は、どちらも縦方向のいくつかの列に分割されたレイアウトのことをあらわしています。しかし日本のWebデザイン業界においては、同じ縦に分割したレイアウトであっても、1つのボックスの内部を縦に分割するレイアウトのことを「段組」と表現し、複数のボックスを横に並べるレイアウトのことを「複数（マルチ）カラム」と呼ぶことが多いようです。

「段組」をつくるには、CSSでcolumn-countプロパティ、column-widthプロパティ、columnsプロパティのいずれかを使用します。同じ1つのボックスの内部を分割するため、要素内容が各縦列の間を流動的に移動できる点が特徴です。

ボックス

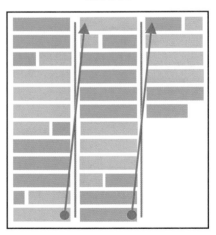

※要素内容は各段を流動的に移動する

第9章

第10章

第11章

第12章

第13章

● 段組や複数カラムのレイアウトをつくる

第14章

第15章

たとえば、1列目の最後に収まりきらなくなったテキストは、自動的に2列目に移動します。つまり「段組」は、各列の表示は縦に分かれてはいますが、内部的にはつながっており、要素内容は流動的な状態になっています。「段組」の内容は、インライン要素（フレージングコンテンツ）のテキストが1行目に入りきらなくなると2行目に折り返されるのと同様に、1つ目の段に収まりきらなくなったテキストは、次の段へと移動していきます。

複数カラム

「複数（マルチ）カラム」は、主にfloatプロパティやFlexbox、グリッドレイアウトのいずれかを使用した、複数のボックスを横に並べたレイアウトのことを指します。これらのレイアウトの場合、各ボックスは完全に独立しているため、隣接するボックス内に流動的に内容が移動することはありません。

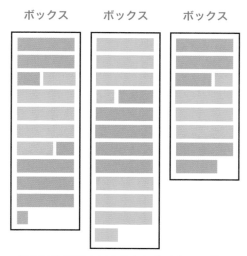

※要素内容はカラムごとに独立している

本章では、この「段組」と「複数カラム」のレイアウトについて詳しく解説します。

第9章
第10章
第11章
第12章
第13章
●段組や複数カラムのレイアウトをつくる
第14章
第15章

文章を複数の段組にする
column-count

1つのボックスの内部を縦に分割するには、column-countプロパティかcolumn-widthプロパティを使用します。なお、それらの値をまとめて指定できるcolumnsプロパティでも同じように設定できます。

≫ 段の数で指定

要素/プロパティ

> **CSS** column-count: 段の数;

column-count プロパティは、ボックス内をいくつに分割するかを指定するプロパティです。値は整数で指定し、2を指定するだけで2段組、3を指定すれば3段組になります。このプロパティで段組にした場合、ボックスの幅が変化しても段数は変わりません。

HTML　　　　　　　　　　　　　　　　　　　　　🗋 Sec204_1

```
<section>
<p>
　　これはボックス内の文章を複数の段組にするサンプルの文章なのですが句読点が多く入っていると禁則処理の影響受けてわかりにくくなる可能性があるためあえて長めの文章にしています。
</p>
<p>
　　これはボックス内の文章を複数の段組にするサンプルの文章なのですが句読点が多く入っていると禁則処理の影響受けてわかりにくくなる可能性があるためあえて長めの文章にしています。
</p>
</section>
```

CSS　　　　　　　　　　　　　　　　　　　　　🗋 Sec204_1

```
section { column-count: 3; }
p { margin: 0; }
```

▶ 実行結果（ブラウザ表示）

```
これはボックス内    る可能性があるため    点が多く入っている
の文章を複数の段組  あえて長めの文章に    と禁則処理の影響受
みにするサンプルの  しています。          けてわかりにくくな
文章なのですが句読      これはボックス内  る可能性があるため
点が多く入っている  の文章を複数の段組    あえて長めの文章に
と禁則処理の影響受  みにするサンプルの    しています。
けてわかりにくくな  文章なのですが句読
```

```
これはボックス内の文章を複数の    可能性があるためあえて長めの文章    すが句読点が多く入っていると禁則
段組みにするサンプルの文章なので  にしています。                      処理の影響受けてわかりにくくなる
すが句読点が多く入っていると禁則      これはボックス内の文章を複数の    可能性があるためあえて長めの文章
処理の影響受けてわかりにくくなる  段組みにするサンプルの文章なので    にしています。
```

≫ 段の幅で指定

要素/プロパティ

> **CSS** **column-width: 段の幅;**

column-widthプロパティは、ボックス内の段の幅を指定して段組を作成するプロパティです。ボックスの幅によっては、指定した段の幅ぴったりにはできないため、実際の段の幅はこの値よりも狭かったり、広かったりします。このプロパティで段組にした場合は、ボックスの幅が広くなるほど、段の数は増えていきます。

CSS   📄 Sec204_2

```css
section { column-width: 8em; }
p { margin: 0; }
```

▶ 実行結果（ブラウザ表示）

```
これはボックス内    る可能性があるため    点が多く入っている
の文章を複数の段組  あえて長めの文章に    と禁則処理の影響受
みにするサンプルの  しています。          けてわかりにくくな
文章なのですが句読      これはボックス内  る可能性があるため
点が多く入っている  の文章を複数の段組    あえて長めの文章に
と禁則処理の影響受  みにするサンプルの    しています。
けてわかりにくくな  文章なのですが句読
```

```
これはボックス内    点が多く入っている    あえて長めの文章に    みにするサンプルの    けてわかりにくくな
の文章を複数の段組  と禁則処理の影響受    しています。          文章なのですが句読    る可能性があるため
みにするサンプルの  けてわかりにくくな        これはボックス内  点が多く入っている    あえて長めの文章に
文章なのですが句読  る可能性があるため    の文章を複数の段組    と禁則処理の影響受    しています。
```

第9章

第10章

第11章

第12章

● 段組や複数カラムのレイアウトをつくる 第13章

第14章

第15章

段組の列間に線を引く
column-rule

段組の「段と段の間」に線を引くには、column-ruleプロパティを使用します。このプロパティは、column-rule-style、column-rule-color、column-rule-widthの値をまとめて指定できるプロパティです。

》 段と段を区切る縦線の設定

要素/プロパティ

> **CSS** **column-rule: 線種 色 太さ;**

column-ruleプロパティは、「段と段の間」に引く線の「線種」「色」「太さ」をまとめて設定するプロパティです。「線種」にはボーダーと同じ値が指定可能です。値は半角スペースで区切り、順不同で指定できます。指定していない値は初期値になります。なお、「線種」「色」「太さ」を個別に設定するcolumn-rule-styleプロパティ、column-rule-colorプロパティ、column-rule-widthプロパティもあります。

HTML　　　　　　　　　　　　　　　　　　　　📄 Sec205_1

```
<section>
<p>　これはボックス内の文章を　〜中略〜　しています。</p>
<p>　これはボックス内の文章を　〜中略〜　しています。</p>
</section>
```

CSS　　　　　　　　　　　　　　　　　　　　📄 Sec205_1

```
section {
  column-count: 3;
  column-rule: dashed red 3px;
}
p { margin: 0; }
```

▶ 実行結果（ブラウザ表示）

> 　これはボックス内 ┊ る可能性があるため ┊ 点が多く入っている
> の文章を複数の段組 ┊ あえて長めの文章に ┊ と禁則処理の影響受
> みにするサンプルの ┊ しています。 ┊ けてわかりにくくな
> 文章なのですが句読 ┊ 　これはボックス内 ┊ る可能性があるため
> 点が多く入っている ┊ の文章を複数の段組 ┊ あえて長めの文章に
> と禁則処理の影響受 ┊ みにするサンプルの ┊ しています。
> けてわかりにくくな ┊ 文章なのですが句読 ┊

≫ 段と段の間隔を指定

要素/プロパティ

CSS **column-gap: 間隔;**

column-gapプロパティを使用すると、段と段の間隔を指定できます。値には単位
を付けた数値を指定してください。

```
CSS                                                    Sec205_2
section {
  column-count: 3;
  column-rule: dashed red 3px;
  column-gap: 50px;
}
p { margin: 0; }
```

▶ 実行結果（ブラウザ表示）

> 　これはボックス ┊ 可能性があるため ┊ 入っていると禁則
> 内の文章を複数の ┊ あえて長めの文章 ┊ 処理の影響受けて
> 段組みにするサン ┊ にしています。 ┊ わかりにくくなる
> プルの文章なので ┊ 　これはボックス ┊ 可能性があるため
> すが句読点が多く ┊ 内の文章を複数の ┊ あえて長めの文章
> 入っていると禁則 ┊ 段組みにするサン ┊ にしています。
> 処理の影響受けて ┊ プルの文章なので ┊
> わかりにくくなる ┊ すが句読点が多く ┊

第9章

第10章

第11章

第12章

● 段組や複数カラムのレイアウトをつくる 第13章

第14章

第15章

359

段組の列数と列幅の設定を
まとめる columns

column-countプロパティとcolumn-widthプロパティの値は、columnsプロパティを使って
まとめて指定できます。両方の値を指定した場合、column-countプロパティの値は、段の
数の最大数となります。

» 段の数または幅を指定

要素/プロパティ

CSS **columns: 段の数または幅;**

columnsプロパティは、column-countプロパティとcolumn-widthプロパティの
値をまとめて指定できるプロパティです。両方の値を半角スペースで区切って順不同
で指定できますが、必要な側の値だけを単独で指定することもできます。このプロパ
ティの名前には、「column」のあとに「s」が付いている点に注意してください。

HTML 　　　　　　　　　　　　　　　　　　　　　　　　　📄 Sec206_1

```
<section>
<p>
　これはボックス内の文章を複数の段組にするサンプルの文章なのですが句読点が多く
入っていると禁則処理の影響受けてわかりにくくなる可能性があるためあえて長めの文
章にしています。
</p>
<p>
　これはボックス内の文章を複数の段組にするサンプルの文章なのですが句読点が多く
入っていると禁則処理の影響受けてわかりにくくなる可能性があるためあえて長めの文
章にしています。
</p>
</section>
```

CSS 　　　　　　　　　　　　　　　　　　　　　　　　　📄 Sec206_1

```
section { columns: 3; }
p { margin: 0; }
```

▶ 実行結果(ブラウザ表示)

> これはボックス内の文章を複数の段組みにするサンプルの文章なのですが句読点が多く入っていると禁則処理の影響受けてわかりにくくな る可能性があるためあえて長めの文章にしています。　これはボックス内の文章を複数の段組みにするサンプルの文章なのですが句読 点が多く入っていると禁則処理の影響受けてわかりにくくなる可能性があるためあえて長めの文章にしています。

≫ 段の数と幅の両方を指定

要素/プロパティ

CSS **columns: 段の数 段の幅;**

columnsプロパティに「段の数」と「段の幅」の両方を指定した場合、単位なしの整数の方は「段の数の最大数」になります。次の例では、前の例と同じHTMLを使い、「段の数」と「段の幅」の両方の値を指定しています。ボックスの幅が狭いと2段組になり、幅が広くなると3段組になりますが、段数はそれ以上は増えません。

```
CSS                                            📄 Sec206_2
section { columns: 3 10em; }
p { margin: 0; }
```

▶ 実行結果(ブラウザ表示)

> これはボックス内の文章を複数の段組みにするサンプルの文章なのですが句読点が多く入っていると禁則処理の影響受けてわかりにくくなる可能性があるためあえて長めの文章にしています。　これはボックス内の文章を複数の段組みにするサンプルの文章なのですが句読点が多く入っていると禁則処理の影響受けてわかりにくくなる可能性があるためあえて長めの文章にしています。

> これはボックス内の文章を複数の段組みにするサンプルの文章なのですが句読点が多く入っていると禁則処理の影響受けてわかりに くくなる可能性があるためあえて長めの文章にしています。　これはボックス内の文章を複数の段組みにするサンプルの文章な のですが句読点が多く入っていると禁則処理の影響受けてわかりに くくなる可能性があるためあえて長めの文章にしています。

SECTION
207
Article

Flexboxってなに?

Flexboxとは、要素のボックスを上から下方向にだけでなく、左から右や右から左、さらに下から上などに並べることのできるレイアウト手法です。関連プロパティを使用することで、さらにフレキシブルな配置ができます。

第 9 章

第 10 章

第 11 章

第 12 章

第 13 章

●段組や複数カラムのレイアウトをつくる

第 14 章

第 15 章

» CSSフレキシブルボックスレイアウト

CSSフレキシブルボックスレイアウト(通称フレックスボックスまたはFlexbox)は、ボックスを並べる方向を自由に設定できるレイアウト手法です。要素に「display: flex;」と指定するだけでFlexboxになり、その要素の子要素は左から右へと横に並んで表示されます。関連プロパティを使用することで、上から下に並べることも、それぞれの逆順に並べることも可能となるだけでなく、並ぶ順番を個別に変更することもできます。

初期状態では、子要素は1行または1列で並べられますが、ボックスの配置を折り返すことも可能です。さらに、親ボックスの幅に応じて、子要素の幅もフレキシブル(柔軟)に伸縮させることができます。

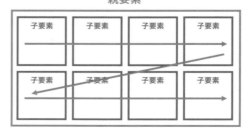

並べる方向を設定（初期状態では折り返しはしない）

並べる方向を設定（折り返しての配置も可能）

Flexboxを使う
display: flex;

Flexboxの使い方はかんたんです。横に並べたい要素の親要素に「display: flex;」と指定するだけで、左から順に横に並んで表示されるようになります。並ぶ方向や順序は、別のプロパティを使うことで変更できます。

》 親要素に「display: flex;」を指定

要素/プロパティ

CSS **display: flex;**

ある要素に「display: flex;」と指定すると、その子要素は左から右へと横に並んで表示されるようになります。ただしこれは、横書きで文字表記の方向が左から右であることを前提とした話で、正確には「子要素はインライン要素の進む方向に並べられる」ということになります。子要素を並べる方向は、次のセクションで説明するflex-flowプロパティで変更できます。

HTML	Sec208

```html
<main>
  <section id="A">セクションA</
section>
  <section id="B">セクションB</
section>
  <section id="C">セクションC</
section>
</main>
```

CSS	Sec208

```css
main { display: flex; }
section { padding: 1em; }
#A { background: hotpink; }
#B { background: lightgray; }
#C { background: deepskyblue; }
```

▶ 実行結果（ブラウザ表示）

セクションA　セクションB　セクションC

363

Flexboxの配置方向と折り返しを設定する flex-flow

Flexboxの子要素を並べる方向は、縦横とそれぞれの逆順の4パターンが指定できます。また、その方向に収まりきらなくなったときには、折り返すことも可能です。これらの値は両方とも、flex-flowプロパティで指定できます。

》 並べる方向と折り返しの指定

要素/プロパティ

CSS **flex-flow: 並べる方向 折り返し;**

flex-flowプロパティは、Flexboxの子要素を並べる方向と、折り返しを行うかどうかを指定するプロパティです。値は半角スペースで区切り、順不同で指定できます。方向は、左から右なら「row」、上から下なら「column」を指定します。下の例のように「-reverse」を付けると、それぞれの逆順に並びます。折り返しの初期値は「nowrap」で、収まりきらなくなったときは子要素の幅が狭くなり、折り返しはしません。「wrap」を指定すると、折り返して表示されます。

```
HTML                    📄 Sec209
<main>
  <section id="A">セクションA</
section>
  <section id="B">セクションB</
section>
  <section id="C">セクションC</
section>
  <section id="D">セクションD</
section>
  <section id="E">セクションE</
section>
</main>
```

```
CSS                     📄 Sec209
main {
  display: flex;
  flex-flow: row-reverse wrap;
}
```

▶ 実行結果(ブラウザ表示)

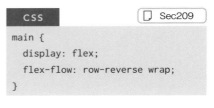

Flexboxの幅の設定をまとめる flex

Flexboxの子要素の幅がwidthプロパティで固定されている場合でも、親要素の大きさにフィットするように幅を拡張または収縮させることができます。その設定を行うのがflexプロパティです。

》 幅の拡張と縮小および比率の設定

要素/プロパティ

CSS flex: auto;

CSS flex: none;

CSS flex: 実数;

flexプロパティはflex-grow, flex-shrink, flex-basisという3つのプロパティの値をまとめて設定できるプロパティですが、通常はキーワード「auto」または「none」、もしくは比率をあらわす数値を単独で指定して使用します。

flexプロパティを指定していない場合、親要素の幅が余分に広くても子要素の幅は変化しませんが、親要素の幅が狭くなると子要素の幅も狭くなります。これがflexプロパティで子要素に「auto」を指定すると伸縮するようになり、「none」を指定すると一切伸縮しなくなります。数値を指定した場合は、余分な幅をその比率で分配します。

HTML	📄 Sec210

```
<main>
  <section id="A">セクションA</
section>
  <section id="B">セクションB</
section>
  <section id="C">セクションC</
section>
</main>
```

CSS	📄 Sec210

```
main { display: flex; }
section { width: 100px; ～後略～ }
#A { flex: 1; ～後略～ }
#B { flex: 2; ～後略～ }
#C { flex: 1; ～後略～ }
```

▶ 実行結果(ブラウザ表示)

セクションA	セクションB		セクションC

第 9 章

第 10 章

第 11 章

第 12 章

第 13 章

●段組や複数カラムのレイアウトをつくる

第 14 章

第 15 章

365

SECTION 211 CSS

Flexboxの配置位置を設定する

親要素の幅に対して子要素の幅の合計が短い場合や、親要素の高さに対して子要素の高さが短い場合などに、子要素をどのように揃えて配置するかは、justify-contentプロパティとalign-itemsプロパティで指定します。

》 横方向での位置揃え

要素/プロパティ

CSS justify-content: キーワード;

子要素の横方向（インライン要素の進む方向）での位置揃えを行うには、親要素にjustify-contentプロパティを指定します。値には次のキーワードが指定可能です。

flex-start	左側に寄せて配置する（初期値）
flex-end	右側に寄せて配置する
center	中央に寄せて配置する
space-between	余分なスペースを子要素の間に均等に割り当てる
space-around	余分なスペースを子要素の左右に均等に割り得てる

flex-start

flex-end

center

space-between

space-around

CSS
Sec211_1

```css
main {
  display: flex;
  justify-content: center;
  border: 5px solid black;
}
section {
  padding: 1em;
  width: 100px;
}
#A { background: hotpink; }
#B { background: lightgray; }
#C { background: deepskyblue; }
```

▶ 実行結果（ブラウザ表示）

セクションA　セクションB　セクションC

CSS align-items: キーワード;

子要素の縦方向（ブロックレベル要素の進む方向）での位置揃えを行うには、親要素にalign-itemsプロパティを指定します。値には次のキーワードが指定可能です。

flex-start	上に寄せて配置する
flex-end	下に寄せて配置する
center	中央に寄せて配置する
stretch	上下いっぱいに引き伸ばす（初期値）
baseline	先頭行のベースラインを揃える

flex-start

flex-end

center

stretch

baseline

| あいうえお | あいうえお | あいうえお |

CSS 📄 Sec211_2

```css
main {
  display: flex;
  align-items: center;
  border: 5px solid black;
}
section {
  padding: 1em;
  width: 100px;
}
#A {
  height: 80px;
  background: hotpink;
}
#B { background: lightgray; }
#C {
  height: 50px;
  background: deepskyblue;
}
```

▶ **実行結果（ブラウザ表示）**

セクションA		
	セクションB	セクションC

第9章
第10章
第11章
第12章

● 段組や複数カラムのレイアウトをつくる 第13章

第14章
第15章

SECTION

212

Article

グリッドレイアウトってなに?

グリッドレイアウトとは、親ボックスを縦横に区切ってマス目をつくり、そこに子要素を自由に当てはめていくタイプのレイアウト手法です。Flexboxと比較すると、指定方法は少々複雑になります。

≫ CSSグリッドレイアウト

「CSSグリッドレイアウト」は、一般に省略して「グリッドレイアウト」と呼ばれています。グリッドレイアウトを行うには、はじめに親要素をグリッド(格子状の線) で区切り、マス目をつくります。その際、各列と行の幅や高さは自由に設定できます。マス目が用意できたら、それぞれの子要素をどのマス目に配置するのかを指定していきます。1つの子要素で、連続する複数のマス目を使用することも可能です。

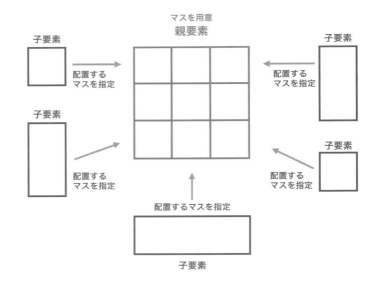

SECTION 213
CSS

グリッドレイアウトを使う
display: grid;

Flexboxの場合は「display: flex;」と指定するだけで子要素が左から右へと横に並んで表示されますが、グリッドレイアウトの場合は「display: grid;」だけでなく、グリッドのマス目の指定をする必要があります。

≫ 親要素に「display: grid;」とマス目を指定

要素/プロパティ

> **CSS** display: grid;

親要素に「display: grid;」とマス目の指定を行うと、子要素はそのマス目の左上から右方向へと順に配置されます。子要素側で配置場所を指定することも可能です。
grid-template-columnsプロパティでは、縦列の幅を左から順に半角スペースで区切って指定します。単位「fr」は「fraction（比）」の意味で、「1fr 1.5fr 1fr」と指定すると、3列の幅が左から1：1.5：1の比率に設定されます。同様に、grid-template-rowsプロパティは、各行（横列）の高さを指定します。

HTML	🗋 Sec213

```html
<main>
  <section id="A">セクションA</
section>
  <section id="B">セクションB</
section>
  <section id="C">セクションC</
section>
</main>
```

▶ 実行結果（ブラウザ表示）

| セクションA | セクションB | セクションC |

CSS	🗋 Sec213

```css
main {
  display: grid;
  grid-template-columns: 1fr 1.5fr
1fr;
  grid-template-rows: auto;
}
section { padding: 1em; }
#A { background: hotpink; }
#B { background: lightgray; }
#C { background: deepskyblue; }
```

369

グリッドレイアウトの大きさを
指定する

グリッドのマス目の行数とそれぞれの高さを設定するには、grid-template-rowsプロパティを使用します。また、縦列の数とそれぞれの幅を設定するには、grid-template-columnsプロパティを使用します。

≫ グリッドのマス目の設定

要素/プロパティ

CSS **grid-template-columns: 列の幅 列の幅 列の幅 …;**

CSS **grid-template-rows: 行の高さ 行の高さ 行の高さ …;**

grid-template-columnsプロパティには、グリッドのマス目を構成する縦列の数だけ、幅を左から順に指定します。grid-template-rowsプロパティには、マス目を構成する行の数だけ、高さを上から順に指定します。値は半角スペースで区切って指定します。

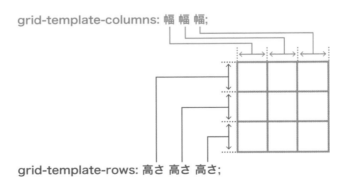

次の例では縦列の幅を、一番左は100ピクセル、残りを1:1で分配しています。行の高さは一番上が100ピクセルで、残りは行のコンテンツに合わせた高さとなります。

第9章

第10章

第11章

第12章

第13章

●段組や複数カラムのレイアウトをつくる

第14章

第15章

```html
<main>
  <section>セクションA</section>
  <section>セクションB</section>
  <section>セクションC</section>
  <section>セクションD</section>
  <section>セクションE</section>
  <section>セクションF</section>
  <section>セクションG</section>
  <section>セクションH</section>
  <section>セクションI</section>
</main>
```

```css
main {
  display: grid;
  grid-template-columns: 100px 1fr
1fr;
  grid-template-rows: 100px auto
auto;
}
section {
  padding: 1em;
  color: white;
}
section:nth-child(odd) {
background: gold; }
section:nth-child(even) {
background: deepskyblue; }
```

▶ 実行結果（ブラウザ表示）

セクションA	セクションB	セクションC
セクションD	セクションE	セクションF
セクションG	セクションH	セクションI

第9章

第10章

第11章

第12章

●段組や複数カラムのレイアウトをつくる 第13章

第14章

第15章

371

SECTION
215
CSS

グリッドレイアウトの余白の設定を まとめる gap

グリッドレイアウト内に配置された子要素同士の間隔を設定するには、gapプロパティを使用します。値を1つだけ指定すると行と列両方の間隔、半角スペースで区切って値を2つ指定すると、1つ目が行の間隔で2つ目が列の間隔になります。

第 9 章

第 10 章

第 11 章

第 12 章

第 13 章

第 14 章

第 15 章

≫ グリッドレイアウト内の子要素の間隔を設定

要素/プロパティ

> **CSS** gap: 行と列の間隔;
>
> **CSS** gap: 行の間隔 列の間隔;

gapプロパティを使用すると、グリッドの行と列の間隔を指定できます。値は単位を付けた数値で指定します。値が1つの場合は行と列両方の間隔となり、半角スペースで区切って値を2つ指定した場合は、1つ目が行の間隔で2つ目が列の間隔になります。グリッドレイアウト内部の子要素にマージンやパディングが指定されている場合は、それらも有効になります。

HTML　　　　　　　　　　　　　　　　　　　　　　　📄 Sec215

```
<main>
  <section>セクションA</section>
  <section>セクションB</section>
  <section>セクションC</section>
  <section>セクションD</section>
  <section>セクションE</section>
  <section>セクションF</section>
  <section>セクションG</section>
  <section>セクションH</section>
  <section>セクションI</section>
</main>
```

```
body { margin: 0; }
main {
  display: grid;
  grid-template-columns: 1fr 1fr 1fr;
  grid-template-rows: 80px 80px 80px;
  gap: 10px;
}
section {
  padding: 1em;
  color: white;
}
section:nth-child(odd) { background: gold; }
section:nth-child(even) { background: deepskyblue; }
```

▶ 実行結果（ブラウザ表示）

セクションA	セクションB	セクションC
セクションD	セクションE	セクションF
セクションG	セクションH	セクションI

●段組や複数カラムのレイアウトをつくる 第13章

SECTION 216 CSS

グリッドレイアウトの配置位置を指定する

グリッドレイアウト内での子要素の配置場所を指定するには、grid-columnプロパティと grid-rowプロパティを使用します。それぞれ縦と横の線のうち、何番目から何番目までに配置するのかを指定します。

》 何番目の線から何番目の線までかを指定

要素/プロパティ

CSS grid-column: **縦線の何番目から / 何番目まで;**

CSS grid-column: **縦線の何番目から次まで;**

CSS grid-row: **横線の何番目から / 何番目まで;**

CSS grid-row: **横線の何番目から次まで;**

grid-columnプロパティは、子要素をグリッドの縦線の何番目から何番目までの間に配置するかを指定するプロパティです。同様にgrid-rowプロパティは、子要素をグリッドの横線の何番目から何番目までの間に配置するかを指定します。値は整数で指定し、2つの数値をスラッシュ(/) で区切って示します。たとえば、値を「1 / 3」のように指定すると、子要素の配置場所は1本目から3本目の間になります。スラッシュと2つ目の数値を省略すると、次の線までの指定と見なされます。

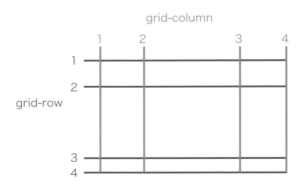

第9章
第10章
第11章
第12章
第13章
● 段組や複数カラムのレイアウトをつくる
第14章
第15章

```
<body>
  <header></header>
  <main></main>
  <div id="A"></div>
  <div id="B"></div>
  <footer></footer>
</body>
```

```
body {
  display: grid;
  grid-template-columns: 100px 1fr
100px;
  grid-template-rows: 70px 200px
30px;
  margin: 0;
}
header {
  grid-column: 1 / 4;
  grid-row: 1;
}
main {
  grid-column: 2;
  grid-row: 2;
}
#A {
  grid-column: 1;
  grid-row: 2;
}
#B {
  grid-column: 3;
  grid-row: 2;
}
footer {
  grid-column: 1 / 4;
  grid-row: 3;
}
header, footer { background:
lightgray; }
main { background: deepskyblue; }
div { background: gold; }
```

▶ 実行結果（ブラウザ表示）

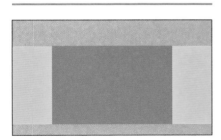

第9章

第10章

第11章

第12章

● 段組や複数カラムのレイアウトをつくる　第13章

第14章

第15章

SECTION
217
CSS

ボックスをタイル状に並べる

グリッドレイアウトには、便利な関数がいくつか用意されています。それらを組み合わせて使用することで、表示領域の幅に応じて柔軟に行と列の数が変わるレイアウトが実現できます。

≫ 列の数を柔軟に変化させるグリッド

要素/プロパティ

> **CSS** **grid-template-columns: repeat(auto-fit, minmax(最小の幅, 1fr));**

grid-template-columnsプロパティの値には、repeat( )関数が指定できます。この関数は、同じ幅が繰り返されるときに簡潔に記述するために使います。たとえば「grid-template-columns: 100px 100px 100px;」は「grid-template-columns: repeat(3,100px);」と書くことができます。

repeat( )関数には、「繰り返す回数」と「幅」の値をカンマで区切って指定します。「繰り返す回数」の値に「auto-fit」というキーワードを指定すると、指定されている幅内に入る数だけ、縦列が作成されます。このとき、grid-template-rowsプロパティが指定されていないと、行は必要な分だけ生成されます。

minmax( )関数は、幅の最小値と最大値をカンマで区切って記入して、幅の変化をその範囲に制限するために使用します。次の例では、最小の幅を100ピクセルにして、最大値に「1fr」を指定しています。これによって、列の幅は常に100ピクセル以上を維持し、親要素の幅に収まるだけ同じ幅の列が作成されます。

第9章

第10章

第11章

第12章

第13章

●段組や複数カラムのレイアウトをつくる

第14章

第15章

<table>
<tr>
<td>

HTML 　　□ Sec217

```html
<main>
  <section>A</section>
  <section>B</section>
  <section>C</section>
  <section>D</section>
  <section>E</section>
  <section>F</section>
  <section>G</section>
  <section>H</section>
  <section>I</section>
  <section>J</section>
  <section>K</section>
  <section>L</section>
</main>
```

</td>
<td>

CSS 　　□ Sec217

```css
main {
  display: grid;
  grid-template-columns:
repeat(auto-fit, minmax(100px,
1fr));
  gap: 8px;
}
section {
  padding: 1em;
  height: 100px;
  color: white;
  background: blueviolet;
  font-weight: bold;
}
```

</td>
</tr>
</table>

▶ 実行結果（ブラウザ表示）

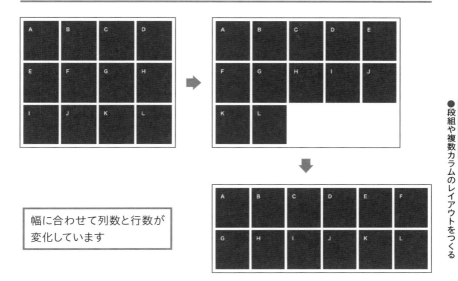

幅に合わせて列数と行数が
変化しています

377

複数カラムのページをつくる

メインとなるボックスの横に、サイドバーのようなボックスが1つ以上あるレイアウトのことを、複数カラムレイアウトと言います。主にfloatプロパティやFlexbox、グリッドレイアウトのいずれかでつくります。

第9章

第10章

第11章

第12章

第13章

● 段組や複数カラムのレイアウトをつくる

第14章

第15章

複数カラムのページとは？

メインとなる幅の広いコンテンツ領域の横に、縦に細長い別のボックスが並んだレイアウトのことを、複数（マルチ）カラムレイアウトと言います。横に並んでいるボックスが2つの場合は2カラムレイアウト、3つの場合は3カラムレイアウトとも呼ばれます。一般に、ボックスが横に並ぶのはヘッダーとフッターの間の部分で、ヘッダーとフッター部分は1カラムとなっています。

2カラムレイアウト

3カラムレイアウト

複数カラムのページをつくる方法

複数カラムのページをつくる（複数のブロックレベル要素のボックスを横に並べる）には、かつてはfloatプロパティを使う方法が主流でした。しかし、本来の使用目的とは異なる少々強引なレイアウト手法であったため、手間がかかり、場合によってはレイアウトが崩れる現象も発生していました。

現在はFlexboxとグリッドレイアウトが利用可能なため、古いブラウザに対応する必要がない場合は、これらのいずれかを使う方法が主流となっています。これらは複

数カラムのレイアウトにも使えるように最初から考えて作成された機能であるため、floatを使った手法と比較すると様々な面で優れています。

» それぞれの手法のメリットとデメリット

まず、floatによる複数カラムレイアウトの最大の弱点は、横に並べたボックスの高さがバラバラになって揃わないことです。Flexboxとグリッドレイアウトでは、特になにもしなくても最初から高さが揃う仕様となっています。

技術的にわかりやすくてかんたんなのは、Flexboxです。横に並べたいボックスをまるごと含んだ要素に「display: flex;」と指定するだけで、複数カラムレイアウトになります。順番を変えたい場合も、orderプロパティ1つで変更できます。

しかし、グリッドレイアウトも使い方を覚えてしまえば、それほど手間のかかる方法ではありません。複雑な指定を行う場合は、むしろグリッドレイアウトの方が自由度が高く、制御しやすいかもしれません。たとえば、ヘッダーやフッターを含めて全体をレイアウトするのであれば、グリッドレイアウトの方がスマートに指定できるケースが多いでしょう。Flexboxでヘッダーやフッターを含めてレイアウトするとなると、レイアウトや文書構造によっては、やや手間がかかります。

float	Flexbox	グリッドレイアウト

floatで2カラムレイアウトのページをつくる

このセクションでは、floatプロパティを利用して2カラムレイアウトのページをつくる例を紹介します。実現方法は様々ですが、基本的には横に並べる要素にfloatを指定し、そのあとの要素にclearプロパティを指定します。

≫ floatによる2カラムレイアウトの例

次の例では、ヘッダーとフッターの幅を100%にして、その間の横に並べる要素の両方にfloatを指定しています。また、サイドバーとして想定しているaside要素の幅を150ピクセルにして、その横に並ぶmain要素の幅はcalc( )関数を使って指定しています。

heightプロパティを使用して2カラム部分の高さを揃えてありますが、通常はこれらの高さは揃いません。高さが揃わない場合、2カラムよりも下の要素(今回の例ではfooter要素)にclearプロパティが指定されていないと、2カラムの短い方のボックスの下に後続の要素のボックスが入り込むことがあるので注意してください。

HTML　　　　　　　　　　　　　　　　　　　　　　　　　🗋 Sec219

```
<body>
  <header></header>
  <main></main>
  <aside></aside>
  <footer></footer>
</body>
```

CSS　　　　　　　　　　　　　　　　　　　　　　　　　🗋 Sec219

```
body {
  margin: 0;
}
header {
  width: 100%;
  height: 70px;
  background: deepskyblue;
```

```
}
main {
  float: left;
  width: calc(100% - 150px);
  height: 200px;
  background: hotpink;
}
aside {
  float: right;
  width: 150px;
  height: 200px;
  background: gold;
}
footer {
  clear: both;
  width: 100%;
  height: 30px;
  background: deepskyblue;
}
```

▶ **実行結果（ブラウザ表示）**

第9章

第10章

第11章

第12章

● 段組や複数カラムのレイアウトをつくる 第13章

第14章

第15章

Flexboxで2カラムレイアウトの
ページをつくる

このセクションでは、Flexboxで2カラムレイアウトのページをつくる例を紹介します。2カラム部分を囲う要素を追加するとかんたんになりすぎるため、ここではヘッダーとフッターも含めてまるごとFlexboxで指定します。

第9章
第10章
第11章
第12章
第13章
第14章
第15章

●段組や複数カラムのレイアウトをつくる

≫ Flexboxによる2カラムレイアウトの例

次の例ではbody要素に「display: flex;」を指定して、ヘッダーとフッターも含めてページ全体をまるごとFlexboxにしています。body要素に「flex-wrap: wrap;」を指定すると、幅がいっぱいになったら子要素は折り返して下に表示されます。ヘッダーとフッターには両方とも「width: 100%;」を指定しているため、ヘッダーとフッターの横にはなにも並ばず、単独で表示されるようになります。

また、サイドバーとして想定しているaside要素の幅を150ピクセルにして、その横に並ぶmain要素の幅はcalc( )関数を使って指定しています。この指定により、aside要素とmain要素だけが横に並んで表示されます。

HTML　　　　　　　　　　　　　　　　　　　　　　　　　　🗋 Sec220

```html
<body>
  <header></header>
  <main></main>
  <aside></aside>
  <footer></footer>
</body>
```

CSS　　　　　　　　　　　　　　　　　　　　　　　　　　🗋 Sec220

```css
body {
  display: flex;
  flex-wrap: wrap;
  margin: 0;
}
header {
  width: 100%;
```

```
  height: 70px;
  background: deepskyblue;
}
main {
  width: calc(100% - 150px);
  height: 200px;
  background: hotpink;
}
aside {
  width: 150px;
  height: 200px;
  background: gold;
}
footer {
  width: 100%;
  height: 30px;
  background: deepskyblue;
}
```

▶ 実行結果(ブラウザ表示)

第9章

第10章

第11章

第12章

第13章

● 段組や複数カラムのレイアウトをつくる

第14章

第15章

グリッドレイアウトで2カラムレイアウトのページをつくる

このセクションでは、グリッドレイアウトで2カラムレイアウトのページをつくる例を紹介します。指定方法は一見難しそうに見えますが、きちんと理解してしまえばかんたんにできます。body要素をグリッドで分割し、その中に各要素を当てはめていくだけです。

第9章

第10章

第11章

第12章

第13章

●段組や複数カラムのレイアウトをつくる

第14章

第15章

》 グリッドレイアウトによる2カラムレイアウトの例

はじめにグリッドレイアウトを定義します。次の例では、縦列は幅150ピクセルと、その残り(1fr) に分割します。行の高さは、今回は70ピクセル、200ピクセル、30ピクセルに指定しています。

あとは、それぞれの要素をグリッドのマス目に当てはめるだけです。たとえばヘッダーなら、grid-columnプロパティでグリッドの縦線の1本目から3本目まで(1 / 3)、grid-rowプロパティで横線の1本目から次の線まで(1)、というように領域を設定します。

HTML　　　　　　　　　　　　　　　　　　　　　　　　　　　　　　　🗋 Sec221

```
<body>
  <header></header>
  <main></main>
  <aside></aside>
  <footer></footer>
</body>
```

CSS　　　　　　　　　　　　　　　　　　　　　　　　　　　　　　　🗋 Sec221

```
body {
  display: grid;
  grid-template-columns: 1fr 150px;
  grid-template-rows: 70px 200px 30px;
  margin: 0;
}
header {
  grid-column: 1 / 3;
```

```
   grid-row: 1;
}
main {
  grid-column: 1;
  grid-row: 2;
}
aside {
  grid-column: 2;
  grid-row: 2;
}
footer {
  grid-column: 1 / 3;
  grid-row: 3;
}
header, footer { background: deepskyblue; }
main { background: hotpink; }
aside { background: gold; }
```

▶ 実行結果（ブラウザ表示）

第9章

第10章

第11章

第12章

● 段組や複数カラムのレイアウトをつくる 第13章

第14章

第15章

SECTION 222 Article

2カラムレイアウトの位置を 左右逆にする

このセクションでは、SECTION 219 〜 221で示した「2カラムレイアウトの例」の、2カラムになっている部分のボックスを入れ替え、左右を逆にする方法を紹介します。HTMLについてはSECTION 219 〜 221と同じものを使い、CSSだけを変更します。

≫ floatによる2カラム部分を入れ替える

floatの場合は、main要素とaside要素に指定しているfloatプロパティの値「left」と「right」を入れ替えると、2カラムのボックスが左右逆になります。

なお、この例のHTMLはSECTION 219と同一のため省略しています。HTMLコードの詳細は、SECTION 219 (P.380) を参照してください。

CSS　　📄 Sec222_1

```css
body {
  margin: 0;
}
header {
  width: 100%;
  height: 70px;
  background: deepskyblue;
}
main {
  float: right;
  width: calc(100% - 150px);
  height: 200px;
  background: hotpink;
}
aside {
  float: left;
  width: 150px;
  height: 200px;
  background: gold;
}
```

```css
footer {
  clear: both;
  width: 100%;
  height: 30px;
  background: deepskyblue;
}
```

▶ 実行結果(ブラウザ表示)

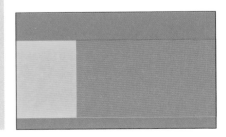

» Flexboxによる2カラム部分を入れ替える

Flexboxの場合は、orderプロパティを使用します。値には順番を示す整数を指定します。orderプロパティの初期値は0です。

aside要素に1、main要素に2と指定することでaside要素が左側、main要素が右側になります。ただし、これだけだとフッターの順番が0のままなので、フッターを最後に表示させるために、「order: 3;」をフッターに指定します。

なお、この例のHTMLはSECTION 220と同一のため省略しています。 HTMLコードの詳細は、SECTION 220 (P.382) を参照してください。

CSS 　　　　　　　　　📄 Sec222_2

```css
body {
  display: flex;
  flex-wrap: wrap;
  margin: 0;
}
header {
  width: 100%;
  height: 70px;
  background: deepskyblue;
}
main {
  order: 2;
  width: calc(100% - 150px);
  height: 200px;
  background: hotpink;
}
aside {
  order: 1;
  width: 150px;
  height: 200px;
  background: gold;
}
```

```css
footer {
  order: 3;
  width: 100%;
  height: 30px;
  background: deepskyblue;
}
```

▶ **実行結果（ブラウザ表示）**

387

第9章

第10章

第11章

第12章

第13章 ●段組や複数カラムのレイアウトをつくる

第14章

第15章

» グリッドレイアウトによる2カラム部分を入れ替える

グリッドレイアウトの場合は、まず、body要素に指定しているgrid-template-columnsプロパティでの縦列の幅の定義を書き換えます。「grid-template-columns: 1fr; 150px」となっている部分を「grid-template-columns: 150px 1fr;」と書き換えて、左右の幅を逆にします。

あとはmain要素とaside要素に指定しているgrid-columnプロパティの値を逆にして、配置場所を入れ替えたら完成です。

なお、この例のHTMLはSECTION 221と同一のため省略しています。HTMLコードの詳細は、SECTION 221(P.384)を参照してください。

CSS   Sec222_3

```css
body {
  display: grid;
  grid-template-columns: 150px
1fr;
  grid-template-rows: 70px 200px
30px;
  margin: 0;
}
header {
  grid-column: 1 / 3;
  grid-row: 1;
}
main {
  grid-column: 2;
  grid-row: 2;
}
aside {
  grid-column: 1;
  grid-row: 2;
}
```

```css
footer {
  grid-column: 1 / 3;
  grid-row: 3;
}
header, footer { background:
deepskyblue; }
main { background: hotpink; }
aside { background: gold; }
```

▶ 実行結果(ブラウザ表示)

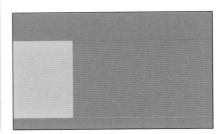

パソコン以外でも
見やすい表示にする

SECTION

223

Article

レスポンシブ対応ってなに？

レスポンシブ対応をしていないWebページをスマートフォンで見ると、パソコン用の画面が縮小表示され、そのままでは小さくて字も読めないような状態になります。そうならないように設定した上でさらに読みやすく調整するのがレスポンシブ対応です。

≫ スマートフォンやタブレットへの対応

レスポンシブ対応をしていないWebページを、スマートフォン用の一般的なブラウザで表示すると、画面の幅が980ピクセルあるものとしてWebページを縮小表示します。具体的には、次のような状態になります。全体のおおまかなイメージはわかりますが、文章を読むには部分的に拡大してスクロールしなければなりません。

Webページが縮小表示されているため、文字が小さく読みにくい状態です

等倍で表示するには、meta要素による指定を追加します。具体的な指定方法は、SECTION 225（P.392）を参照してください。

また、パソコン用につくられたWebページを単純に等倍で表示すると、今度はレイアウトの問題で読みにくくなります（ページ左上の一部しか表示されないなど）。そこでメディアクエリやFlexbox、グリッドレイアウトなどを用いて、画面の幅に応じて柔軟にレイアウトを切り替える手法（レスポンシブWebデザイン）が現在は主流です。メディアクエリについては、SECTION 229（P.396）で解説しています。

Webページのユーザビリティ

Webページのユーザビリティを高めることで、コンバージョン率（ページ閲覧から収益に結びつく割合）も上がると言われています。このセクションでは、Webページのユーザビリティについてかんたんに説明します。

≫ ユーザビリティとは？

国際規格であるISO 9241-11では、ユーザビリティは「特定のユーザーが、ある製品を使って目的を達成しようとする際の、特定の状況における有効さや効率のよさ、満足度の度合い」と定義されています。もう少しわかりやすく、ざっくりと表現すると、特定の状況における「使いやすさ」や「使い勝手」のことを指します。

たとえば、フォントのサイズが小さすぎたり色が薄すぎたりして文字が読みにくいと、見た瞬間にユーザーはそのページを離れてしまうかもしれません。小さい画面でも適切な大きさで文字を表示し、日中の明るい光の下でも閲覧しやすいようにしておくことは、離脱率を下げることにつながります。

また、スマートフォンの場合、ボタンやリンクが小さく狭い間隔で並んでいると、タップしにくい上、目的とは異なる場所をタップしてしまう可能性があります。ボタンやリンクが押しやすいかどうかも、ユーザビリティに大きく影響します。

第 9 章

第 10 章

第 11 章

第 12 章

第 13 章

●第 14 章 パソコン以外でも見やすい表示にする

第 15 章

スマートフォンでの表示を設定する
<meta name="viewport">

スマートフォンで、Webページを縮小せずに等倍で表示させるには、meta要素による設定が必要です。パソコンよりもスマートフォンでの閲覧が多くなっている現在では、この指定は必須となっています。

≫ 表示領域の幅を画面の幅と一致させる指定

要素/プロパティ

HTML `<meta name="viewport" content=" … ">`

スマートフォン用のブラウザの多くは、上記のmeta要素を指定していないと、仮想的に画面の幅が980ピクセルあるものとしてWebページを縮小表示します。
たとえば、幅375ピクセルのボックスをスマートフォンで表示すると、右のような表示になります。このスマートフォンの画面の幅は375ピクセルですが、その半分にも満たないサイズで表示されています。これを実際

の幅で表示させるには、head要素の中に下の例のmeta要素を追加します。「width=device-width」は、Webページの幅を使用端末の幅と一致させる指定で、「initial-scale=1.0」は、拡大も縮小もしていない1.0倍のサイズで表示させる指定です。

HTML　　　　　　　　　　　　　📄 Sec225

```
<head>
<meta name="viewport"
content="width=device-width,
initial-scale=1.0">
</head>
```

▶ 実行結果（ブラウザ表示）

SECTION 226
HTML

電話番号リンク化を無効にする
`<meta content="telephone=no">`

スマートフォンのブラウザの中には、Webページのコンテンツの中に電話番号が含まれていると、タップするだけで電話のかかるリンクに変換してしまうものがあります。ここでは、そうならないようにするための設定を紹介します。

≫ 電話番号の自動リンク化を禁止

要素/プロパティ

HTML `<meta name="format-detection" content="telephone=no">`

スマートフォンや、その端末で使用されているブラウザの種類によっては、コンテンツ中のテキストに含まれる電話番号が、自動的にリンクになってしまう場合があります。このリンクをタップすると、その番号に電話がかかります。

この現象を防ぐには、head要素の中に次の例と同じmeta要素を配置してください。

HTML　　　　　　　　　　　　　　　📄 Sec226

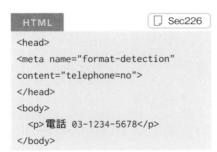

```
<head>
<meta name="format-detection"
content="telephone=no">
</head>
<body>
  <p>電話 03-1234-5678</p>
</body>
```

▶ 実行結果(ブラウザ表示)

ファビコンを設定する
<link rel="icon">

タブやブックマークの一覧などで表示されるファビコンを設定するには、一般的には「favicon.ico」という名前の「.ico」形式の画像を作成し、それをWebサイトのルートディレクトリに置きます。

第9章

第10章

第11章

第12章

第13章

第14章

第15章

●パソコン以外でも見やすい表示にする

》 アイコン画像を設定

要素/プロパティ

HTML **<link rel="icon" href="favicon.ico">**

ファビコンとは「favorite icon」の略で、ブラウザのタブの先頭などに表示されるアイコン画像のことです。Webサイトごとに設定でき、ブックマークの一覧やホーム画面、Googleでの検索結果の先頭など、様々な場所で表示されます。

ファビコンには、主に「.ico」形式の画像が使用されます。インターネット上には、画像をこの形式に無料で変換できるサービスがたくさんあるため、それらを利用するとよいでしょう。

ファビコンのファイル名は「favicon.ico」にします。そしてそれをWebサイトのルートディレクトリに置いておくだけで、link要素の指定がなくても多くの環境ではファビコンとして認識され表示されるようになります。しかし通常は確実に設定されるように、次の例のlink要素をhead要素内に指定しておきます。

HTML　　　　　　　　　　　　□ Sec227

```html
<head>
<link rel="icon" href="favicon.
ico">
</head>
```

▶ 実行結果（ブラウザ表示）

ホーム画面のファビコンを設定する
\<link rel="apple-touch-icon"\>

スマートフォンやタブレットにおいては、パソコンのブラウザで表示されるファビコンよりも大きなアイコンが使用されます。この大きめのアイコンを表示させるには、180×180ピクセル程度のPNG形式の画像を作成し、その画像をlink要素で指定します。

≫ モバイル端末用のアイコン画像を設定

> 要素/プロパティ

> HTML **\<link rel="apple-touch-icon" sizes="サイズ" href=
> "画像のパス"\>**

スマートフォンやタブレットで、Webページのショートカットをホーム画面に登録すると、アイコンが表示されます。このアイコンはほかにも、ブラウザの「お気に入り」や「よく閲覧するサイト」など、様々な場面で表示されます。このアイコンの設定をしていない場合、登録したページを縮小した画像（サムネイル）などがアイコンになります。

一般的には、このアイコンでは180×180ピクセルのPNG形式の画像を使用します。画像をサーバーに保存し、画像の場所をlink要素で、次の例のように指定してください。アイコンのサイズは、sizes属性に「ピクセル数xピクセル数」の書式で指定します。「x」は半角のアルファベットであれば、大文字でも小文字でもかまいません。

HTML　📄 Sec228

```
<head>
<link rel="apple-touch-icon"
sizes="180x180" href="apple-touch-
icon.png">
</head>
```

▶ **実行結果（ブラウザ表示）**

画面の幅に応じてCSSを変更する
@media screen

CSSの@mediaの書式を使用すると、特定の条件に当てはまったときにだけ適用させるCSSを書くことができます。この機能を利用することで、表示領域が狭い場合のCSSや、逆に広い場合のCSSなどを切り替えて適用することが可能になります。

≫ @mediaでCSS適用の条件を指定

要素/プロパティ

CSS　@media screen and (min-width: ○○○px) { … }

CSS　@media screen and (max-width: ○○○px) { … }

CSS　@media screen and (min-width: ○○○px) and (max-width: ○○○px) { … }

@mediaは、CSS2.1のときは単純に「screen」「print」といったメディアの種類しか指定できませんでしたが、現在ではそれに続けて条件式を書き込めるようになっています。「and（条件: 値）」の書式で、いくつでも連続して指定可能です。この書式はメディアクエリと呼ばれています。

たとえば「and（min-width: 500px）」と書くと、そのあとの { } 内に記述したCSSは、ビューポートの幅が500ピクセル以上のときにのみ適用されます。「and（max-width: 1000px）」と書くと、そのあとの { } 内に記述したCSSは、ビューポートの幅が1000ピクセル以下のときにのみ適用されます。「and（min-width: 500px）and（max-width: 1000px）」と2つ続けて、500ピクセル以上1000ピクセル以下という範囲を示すことも可能です。

次の例は、「SECTION 094 Flexboxでグローバルメニューをつくる」のサンプルと「SECTION 098 ハンバーガーメニューをつくる」のサンプルを合体させたもので、そのままだとスマートフォン用のハンバーガーメニューとパソコン用のグローバルメニューの両方が表示されます。今回は@mediaを使用して、ビューポートの幅が601ピクセル以上のときはハンバーガーメニュー(#hmenu)を消し、600ピクセル以下のときはパソコン用のグローバルメニューを消しています。

```html
<div id="hmenu">
  <input id="hcheck" type="checkbox">
  <label id="hopen" for="hcheck"><img src="hicon.png" alt="メニュー"
width="34" height="28"></label>
  <label id="hclose" for="hcheck"></label>
  <nav id="sp">メニューの内容</nav>
</div>

<nav id="pc">
  <ul>
    <li><a href="#">ホーム</a></li>
    <li><a href="#">製品情報</a></li>
    <li><a href="#">会社案内</a></li>
    <li><a href="#">お問い合わせ</a></li>
  </ul>
</nav>
```

```css
@media screen and (min-width: 601px) {
  #hmenu { display: none; }
}
@media screen and (max-width: 600px) {
  #pc { display: none; }
}
```

▶ 実行結果(ブラウザ表示)

≡

幅600ピクセル以下

ホーム　製品情報　会社案内　お問い合わせ

幅601ピクセル以上

第9章

第10章

第11章

第12章

第13章

第14章

●パソコン以外でも見やすい表示にする

第15章

397

画面の幅に応じて文字の大きさを変更する vw

「vw」は、ビューポートの幅に対するパーセンテージで長さをあらわすための単位です。パソコンの場合はブラウザのウインドウの幅、スマートフォンの場合は画面の幅の1/100を1とする単位です。

》 ビューポートの幅の何%かを指定

要素/プロパティ

CSS font-size: ○vw;

CSSで数値の単位として「%」を使用した場合、「何に対するパーセンテージなのか」はプロパティによって異なります。それに対し「vw」は、どのプロパティであっても常にビューポートの幅に対するパーセンテージとなる単位です。

次の例では、h1要素の文字サイズを4vw（ビューポートの幅の4%）、p要素の文字サイズを3vw（ビューポートの幅の3%）にしています。

HTML　　　　　　　　　　🗋 Sec230
`<h1>画面の幅に合わせて文字の大きさを変更する</h1>` `<p>ウインドウの幅を変えてみてください。文字の大きさも変わります。</p>`

CSS　　　　　　　　　　🗋 Sec230
`h1 { font-size: 4vw; }` `p  { font-size: 3vw; }`

▶ 実行結果（ブラウザ表示）

画面の幅に合わせて文字の大きさを変更する
ウインドウの幅を変えてみてください。文字の大きさも変わります。

画面の幅に合わせて文字の大きさを変更する

ウインドウの幅を変えてみてください。文字の大きさも変わります。

SECTION 231
CSS

画面の幅が狭いときは表を横に スクロールする overflow

コンテンツがボックス内に収まりきらない場合にどう表示させるかは、overflowプロパティ で指定できます。初期状態でははみ出た状態で表示されますが、はみ出させずにスクロール して見られるようにすることも可能です。

≫ 必要に応じてスクロール可能にする

要素/プロパティ

CSS **overflow: auto;**

overflow-xプロパティは、コンテンツが横方向にはみ出る場合の表示方法を設定す るプロパティです。同様に、overflow-yプロパティは、コンテンツが縦方向にはみ 出る場合の表示方法を設定します。

これらの値をまとめて両方設定できるのがoverflowプロパティです。半角スペース で区切って値を2つ指定すると、横方向、縦方向の順で適用されます。値を1つだ け指定すると、その値が縦横両方に適用されます。次の値が指定可能です。

visible	はみ出た状態で表示させる
hidden	はみ出た部分は表示しない
auto	はみ出た状態になったときにのみスクロール可能にする（必要な時だけスク ロールバーを表示）
scroll	はみ出た部分は表示せず、スクロールして見られるようにする（常にスクロー ルバーを表示）

次の例では、幅の狭い画面で表を見たときに、表の幅を無理やり狭くして画面内に 収めるようなことはせずに、横方向にスクロールして見られるようにしています。 HTMLでは、table要素をdiv要素の中に入れています。overflowプロパティは、 要素内容のコンテンツがはみ出る場合の制御をするプロパティなので、要素内容で ある表がはみ出るための親要素（overflowプロパティを指定する要素）が必要です。 このdiv要素に「overflow: auto;」を指定することで、画面の幅が狭いときには表を スクロールできるようになります。「white-space: nowrap;」は、テキストを折り返 さないようにするための指定です。

```html
<div class="scroll">
<table>
<tr>
  <th>見出し1</th>
  ～中略～
  <th>見出し7</th>
</tr>
<tr>
  <td>データ01</td>
  ～中略～
  <td>データ07</td>
</tr>
<tr>
  <td>データ08</td>
  ～中略～
  <td>データ14</td>
</tr>
</table>
</div>
```

```css
.scroll {
  overflow: auto;
  white-space: nowrap;
}
table {
  width: 100%;
  border-collapse: collapse;
}
th, td {
  border: 5px solid;
  padding: 0.5em 1em;
  color: deepskyblue;
}
```

▶ 実行結果(ブラウザ表示)

見出し1	見出し2	見出し3	見出し4
データ01	データ02	データ03	データ04
データ08	データ09	データ10	データ11

見出し4	見出し5	見出し6	見出し7
データ04	データ05	データ06	データ07
データ11	データ12	データ13	データ14

SECTION
232
Article

画面の幅に応じてFlexboxの
カラム数を切り替える

Flexboxで複数カラムにしてあるレイアウトを、幅に応じて1カラムに変更するのはかんたんです。@mediaで幅を判定し、一定の幅より狭ければ「flex-direction: column;」を指定して縦に並ぶように変更するだけでできます。

≫ 幅の判定次第で並ぶ方向を縦にする

次の例では、Flexboxで3カラムのレイアウトをつくっています。body要素に「display: flex;」を指定しているため、その中にある各子要素は横に並びます。ただし、「flex-wrap: wrap;」も指定し、幅がいっぱいになったら折り返すように設定しているため、幅100%を指定しているヘッダーとフッターは単独で表示されます。
HTMLではheader要素の次にmain要素がありますが、orderプロパティを使用して並ぶ順番を変更し、main要素が真ん中に表示されるようにしています。

HTML　　　　　　　　　　　　　　　　　　　　　　　　　　□ Sec232

```html
<body>
  <header>ヘッダー</header>
  <main>メインコンテンツ</main>
  <div id="A">サイドバー1</div>
  <div id="B">サイドバー2</div>
  <footer>フッター</footer>
</body>
```

CSSの最後に@mediaの指定があり、その中には幅が600ピクセル以下になったときに適用させるスタイルが書き込んであります。body要素にflex-directionプロパティを指定し、その値を「column」と指定することで、body要素の子要素は上から下へと並びます。「order: 0;」は、配置される順番を初期値に戻すための指定です。なお、CSSは一部省略しています。詳しくはサンプルファイルを参照してください。
次ページの画像は、ウインドウの幅を広くしたとき（3カラム）と狭くしたとき（1カラム）の状態をあらわしています。3カラムの表示と1カラムの表示では、黄色いメインコンテンツの順番が変わっていることも確認できます。

第9章

第10章

第11章

第12章

第13章

第14章

第15章

● パソコン以外でも見やすい表示にする

```css
CSS                                    ☐ Sec232

body {
  display: flex;
  flex-wrap: wrap;
  margin: 0;
  color: white;
  font-weight: bold;
}

〜中略〜

@media screen and (max-width: 600px) {
  body { flex-direction: column; }
  main, #A, #B {
    order: 0;
    width: auto;
  }
}
```

▶ 実行結果(ブラウザ表示)

画面の幅によって、カラム数とメインコンテンツの順番が変わります

ソーシャルメディアや
外部サイトと連携する

SECTION

233

Article

OGPってなに？

自分が書いた記事などがSNSでシェアされたときに、あらかじめ設定しておいたページの紹介文やサムネイル画像などを一緒に表示させるしくみがOGPです。指定は主にmeta要素を使って行います。

第9章

第10章

第11章

第12章

第13章

第14章

第15章

●ソーシャルメディアや外部サイトと連携する

≫ OGPとは？

OGPとは、Open Graph Protocol を略したものです。ここで使われている Graph は、折れ線グラフや棒グラフなどの「グラフ」ではなく、「グラフ理論」におけるグラフ（いくつかの点を線によって結び付けたもの）のことを意味しています。したがって、OGPの意味を日本語でかんたんにあらわすと、「オープンな結び付きのプロトコル」となります。

現在、このOGPは主にFacebookやTwitterといったSNSにおいて、情報がシェアされたときにそのページのタイトルやURL、かんたんな説明、サムネイル画像などを一緒に表示させ、シェアされた情報をよりわかりやすくするために使用されます。

≫ OGPの基本設定

要素/プロパティ

`HTML` `<html prefix="og:http://ogp.me/ns#">`

`HTML` `<meta property="og:title" content="ページのタイトル">`

`HTML` `<meta property="og:type" content="ページの種類">`

`HTML` `<meta property="og:url" content="ページのURL">`

`HTML` `<meta property="og:image" content="サムネイル画像のパス">`

`HTML` `<meta property="og:description" content="ページのかんたんな説明">`

`HTML` `<meta property="og:site_name" content="サイト名">`

OGPには、基本設定とSNSごとの設定がありますが、ここでは基本設定の仕方について説明します。

はじめに、html要素にprefix属性を指定して値に「og: http://ogp.me/ns#」と記入し、OGPを使用することを宣言します。あとは、設定したい情報のmeta要素を、head要素の中に配置していくだけです。

「property="og:type"」で指定する「ページの種類」には、「website」「article」「profile」などのキーワードが指定できます。これらを指定する場合は、html要素のprefix属性の値に、半角スペースで区切って次の文字列も追加してください。

ページの種類	html要素のprefix属性に追加する値
websiteの場合	website: http://ogp.me/ns/website#
articleの場合	article: http://ogp.me/ns/article#
profileの場合	profile: http://ogp.me/ns/profile#

HTML　　　　　　　　　　　　　　　　　　　　🗅 Sec233

```
<!DOCTYPE html>
<html lang="ja" prefix="og: http://ogp.me/ns# article: http://ogp.me/ns/
article#">
<head>
<meta property="og:title" content="2020年版 OGPの使い方">
<meta property="og:type" content="article">
<meta property="og:url" content="https://www.example.co.jp/blog-
entry-1234.html">
<meta property="og:image" content="https://www.example.co.jp/photo.jpg">
<meta property="og:description" content="FacebookとTwitter向けOGPの最新の
指定方法の解説です。">
<meta property="og:site_name" content="Theウェブ解説">
</head>
```

●ソーシャルメディアや外部サイトと連携する

Facebook用のOGPを設定する
<meta property>

Facebookについては、OGPの基本設定が行われていれば、特に問題はありません。ただし、Facebook Analyticsのリファーラルインサイトを利用するにはアプリIDの指定を追加する必要があります。

≫ トラフィック分析を可能にする

要素/プロパティ

HTML `<html prefix="og: http://ogp.me/ns# fb: http://ogp.me/ns/fb#">`

HTML `<meta property="fb:app_id" content="アプリID">`

Facebook用のOGPの設定は、SECTION 233の設定と基本的には同じです。ただし、Facebook Analyticsのリファーラルインサイトを利用して、Facebookからサイトへのトラフィックに関する分析を行う場合は、meta要素でアプリIDを指定しておく必要があります。アプリIDは、Facebook でデベロッパー登録をすることで取得できます。

アプリIDは、meta要素のproperty属性の値に「fb:app_id」と指定し、content属性の値に書き込みます。この指定を追加する場合は、html要素のprefix属性に半角スペースで区切って「fb: http://ogp.me/ns/fb#」を追加する必要があります。なお、下の例ではmeta要素以外の記述を省略しています。

HTML　　　　　　　　　　　　　　　　　　　　　　□ Sec234

```
<meta property="og:title" content="2020年版 OGPの使い方">
<meta property="og:type" content="article">
<meta property="og:url" content="https://www.example.co.jp/blog-
entry-1234.html">
<meta property="og:image" content="https://www.example.co.jp/photo.jpg">
<meta property="og:description" content="FacebookとTwitter向けOGPの最新の
指定方法の解説です。">
<meta property="og:site_name" content="Theウェブ解説">
<meta property="fb:app_id" content="123456789012345">
```

Twitter用のOGPを設定する
<meta name>

Twitterには独自のTwitterカードという機能があります。この機能は、URLを貼り付けるだけで画像やタイトルなどがカードのように表示されるもので、4種類の中から選んで使用できます。

≫ Twitterカードの設定

要素/プロパティ

HTML **<meta name="twitter:card" content="カードの種類">**

HTML **<meta name="twitter:site" content="サイト所有者の@ユーザー名">**

HTML **<meta name="twitter:creator" content="記事執筆者の@ユーザー名">**

Twitterカードの設定には、meta要素のname属性とcontent属性を指定します。カードの種類を指定する場合は、name属性に「twitter:card」と指定し、content属性の値にカードの種類をあらわすキーワードを次の4種類から指定します。

summary	アイキャッチ画像と記事タイトルが横に並ぶタイプのカード
summary_large_image	記事タイトルの下に大きな画像を表示させるタイプのカード
app	アプリを紹介する際に便利なカードで App Store へのリンクも表示される
player	カードに動画を埋め込む際に使用する

「@ユーザー名」を表示させる場合は、サイト所有者の@ユーザー名なら「twitter:site」、記事執筆者の@ユーザー名なら「twitter:creator」をname属性に指定してください。

HTML   📄 Sec235

```
<head>
<meta name="twitter:card" content="summary">
<meta name="twitter:site" content="@ofujimiki">
</head>
```

クローラーの動作を設定する
<meta name="robots">

meta要素を使って検索エンジンのクローラーを制御するには、name属性に「robots」と指定します。Webページを検索エンジンに登録して欲しくない場合に利用されることが多い指定です。

≫ 検索エンジンのクローラーに対する指示

要素/プロパティ

HTML `<meta name="robots" content="キーワード1,キーワード2, … ">`

meta要素のname属性に「robots」を指定すると、contentプロパティに検索エンジンのクローラーに対する指示のキーワードを指定できます。複数のキーワードを指定する際は、キーワードをカンマで区切ります。指定可能な主なキーワードは次のとおりです。

index	このページの検索エンジンへの登録を許可する
noindex	このページを検索エンジンへの登録を許可しない
follow	クロールの際にこのページ内のリンクを追跡することを許可する
nofollow	クロールの際にこのページ内のリンクを追跡することを許可しない

HTML　　　　　　　　　　　　　　　　　　　　　　　　　　　□ Sec236

```
<head>
<meta name="robots" content="noindex,nofollow">
</head>
```

第9章

第10章

第11章

第12章

第13章

第14章

第15章

SECTION
237
HTML

ページのキーワードを設定する
<meta name="keywords">

meta要素を使ってWebページのキーワードを設定しておくには、name属性に「keywords」と指定します。ただし、この方法は過去に悪用された経緯があるため、現在の検索エンジンのほとんどはこの指定を無視します。

» キーワードの設定

要素/プロパティ

> **HTML** **<meta name="keywords" content="キーワード1,
> キーワード2, … ">**

meta要素でキーワードを設定する場合は、name属性に「keywords」と指定し、content属性にキーワードをカンマ区切りで指定します。

かつてはこの方法で指定したキーワードを、検索エンジンは認識していました。しかし、SEO効果を狙って無関係なキーワードを指定した、悪意のあるWebページが大量につくられたため、現在ではこの指定を行っても、ほとんどの場合無視されます。

HTML　　　　　　　　　　　　　　　　　　　　　　　　　　　□ Sec237

```html
<head>
<meta name="keywords" content="HTML,CSS,逆引き事典">
</head>
```

数秒後にページを移動する
\<meta http-equiv="refresh"\>

meta要素を使って一定時間後に自動的に別のページに移動させるには、http-equiv属性に「refresh」を指定します。移動させるまでの秒数と行き先のURLは、下で解説する書式でcontent属性に指定します。

》 秒数と移動先を指定

要素/プロパティ

HTML `<meta http-equiv="Refresh" content="秒数; URL=パス">`

meta要素のhttp-equiv属性にキーワード「refresh」を指定すると、指定した秒数後に自動的に別のページへと移動させることができます。秒数と移動先はcontent属性の値の中に組み込んで指定しますが、書式は次のように決められています。

content="0以上の整数+セミコロン+空白文字+「URL=」+移動先のパス"

HTML　　　　　　　　　　　　　　　　　　　　　　　　　　　📄 Sec238
```
<head>
<meta http-equiv="Refresh" content="5; URL=tomato.html">
</head>
```

▶ 実行結果(ブラウザ表示)

5秒後に「tomato.html」に移動します

背景色が「tomato」のページ

SECTION
239
HTML

JavaScriptのライブラリを
読み込む

JavaScriptのライブラリを読み込むには、大きく分けて2種類の方法があります。外部のファイル（CDN）を使う場合は、script要素のsrc属性にそのURLを指定します。ダウンロードしたファイルを使う場合は、src属性にそのパスを指定します。

≫ スクリプトファイルの読み込み

要素/プロパティ

HTML **<script src="スクリプトファイル"></script>**

JavaScriptのライブラリを読み込むには、script要素を使用します。ここでは、jQueryファイルを読み込む場合の例を紹介します。
CDN（Content Delivery Network）で提供されているjQueryファイルを読み込むには、次の例のように、提供されているURLをそのままsrc属性に指定します。各CDNの公式ページで、URLまたはソースコードごとにコピーして使用するとかんたんです。

HTML　　　　　　　　　　　　　　　　　　　　　　　　　　　□ Sec239

```
<script src="https://ajax.googleapis.com/ajax/libs/jquery/3.4.1/jquery.
min.js"></script>
```

ダウンロードしたjQueryファイルを使用する場合は、次の例のように、src属性にファイルのパスを指定するだけです。

HTML

```
<script src="jquery.js"></script>
```

第9章
第10章
第11章
第12章
第13章
第14章

● ソーシャルメディアや外部サイトと連携する

第15章

411

デフォルトスタイルシートってなに？

CSSを一切指定していなくても、HTMLでタグを付けるだけで見出しは太字で大きく表示され、段落は前後に余白がとられます。このようなブラウザの初期状態の基本的な表示を設定しているのが、デフォルトスタイルシートです。

》 デフォルトスタイルシートについて

CSSを指定できるのは、Webページの制作者だけではありません。実際のしくみはブラウザによって異なりますが、CSSは制作者、ユーザー、ブラウザの3者から指定可能です。

まずブラウザ側が、HTMLの各種要素の基本的な表示方法を定義したCSSを用意します。このCSSによりbody要素には最初からマージンが適用され、ブロックレベル要素は「display: block;」の設定になり、strong要素は太字、といったように表示されます。ただし、このようなCSSが実在するかどうかはブラウザによって異なります。仕様上は、同等の役割を果たす機能があれば問題ないことになっています。

基本的に、Web制作者はそのようなデフォルトスタイルシートに重ねてサイトごとのCSSを指定しています。そしてさらに、アクセシビリティ上の問題があれば、ユーザー自身でCSSを書いて表示をカスタマイズできるしくみになっています。

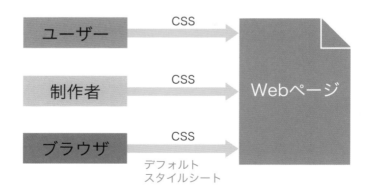

第 9 章

第 10 章

第 11 章

第 12 章

第 13 章

第 14 章

第 15 章

● ソーシャルメディアや外部サイトと連携する

» リセットCSSについて

CSS2.1(2.2) の仕様書には、「Default style sheet for HTML 4」という見出しで、見本となるデフォルトスタイルシートの例が掲載されています。

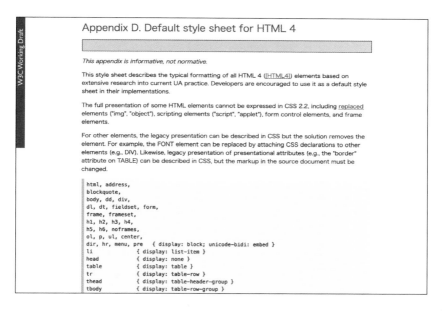

各種ブラウザのデフォルトスタイルシートは、これをそのまま採用しているわけではありません。基本的な要素でも、ブラウザによって表示結果に差異があるのが実状です。どのブラウザでも同じように表示させるには、各種ブラウザのデフォルト表示をリセットして統一する、「リセットCSS」を使用します。

リセットCSSはインターネット上で多数公開されており、種類も豊富です。制作スタイルに合ったものを探し、必要に応じてそれをカスタマイズして使いましょう。

なお、リセットCSSはその性質上、制作者の指定するCSSの中で最初に適用させる必要があります。CSSの優先度のルールでは、詳細度が同じであればよりあとの指定が優先されるため、リセットCSSをあとから適用するとそれ以前の指定がリセットされてしまうからです。したがって、既存のCSSファイルにペーストするのであれば、最初に読み込ませるCSSの先頭にペーストする必要があります。link要素で単独で読み込ませて使う場合も、必ず最初に読み込ませるようにしてください。

フレームワークを使う
<link rel="stylesheet">

フレームワークを導入することで、あらかじめデザインされた豊富なパーツやコーディング済みの機能がかんたんに使えるようになります。ここではBootstrapを例にして、その読み込み方を説明します。

ソーシャルメディアや外部サイトと連携する

》 フレームワークとは？

フレームワークとは、かんたんに言えばテンプレートのようなものです。フレームワークにはWeb制作においてよく使用されるパーツや機能が豊富に用意されており、クラス名を指定するなどのかんたんな方法で、それらを利用することができます。そのため、より効率よく、スピーディーなコーディングが可能となります。

たとえば、CDN（Content Delivery Network）で提供されているBootstrapというフレームワークのファイルを読み込むには、次のようにlink要素とscript要素を指定します。下の例で示しているソースコードはその一部分です。バージョンアップなどによりコードは変更されることがあるため、詳細はBootstrapの公式サイトで確認してください。

```html
HTML
<link rel="stylesheet" href="https://stackpath.bootstrapcdn.com/
bootstrap/4.4.1/css/bootstrap.min.css" integrity="sha384-
Vkoo8x4CGsO3+Hhxv8T/Q5PaXtkKtu6ug5TOeNV6gBiFeWPGFN9MuhOf23Q9Ifjh"
crossorigin="anonymous">
<script src="https://code.jquery.com/jquery-3.4.1.slim.min.js"
integrity="sha384-J6qa4849blE2+poT4WnyKhv5vZF5SrPo0iEjwBvKU7imGFAV0wwj1yY
foRSJoZ+n" crossorigin="anonymous"></script>
```

Font Awesomeを使う
\<link rel="stylesheet"\>

Font Awesomeは、Web上でよく利用される様々なアイコンをフォントにした「アイコンフォント」です。このセクションでは、Font AwesomeをダウンロードしてCSSで利用する方法をかんたんに紹介します。

≫ Font Awesomeとは？

要素/プロパティ

HTML **\<link href="～all.css" rel="stylesheet"\>**

Font Awesomeは、アイコンの種類が豊富な上に無料で使えるアイコンフォントです。アイコンフォントとは、文字をアイコン化したフォントのことを指します。見た目はアイコンですが、フォント（テキスト）として扱えるため、サイズ指定も色の変更も自由自在です。

Font Awesomeは、ダウンロードして使うことも、CDNを利用することもできます。ダウンロードして使う場合、CSSでWebフォントを使う方法と、JavaScriptでSVGを使う方法の2種類があります。

CSSでWebフォントのFont Awesomeを使う場合は、まずダウンロードしたファイルのCSSフォルダにある「all.css」と「webfonts」フォルダをまるごとサーバーに格納します。「all.css」では「webfonts」フォルダ内のファイルを相対パスで参照しているので、格納する際は階層の関係が変わらないように注意してください。あとはlink要素で次のように指定するだけで、Font Awesomeが使用可能になります。「all.css」のパスは、実際に格納した場所に合わせて変更してください。

HTML

```
<head>
<link href="css/all.css" rel="stylesheet">
</head>
```

第 9 章

第 10 章

第 11 章

第 12 章

第 13 章

第 14 章

第 15 章

● ソーシャルメディアや外部サイトと連携する

Google Fontsを使う
\<link rel="stylesheet"\>

Google Fontsは、2018年9月より日本語フォントも利用可能となっています。無料の上に使い方もかんたんで、フォントを選んだら必要事項を選択し、ソースコードをコピー＆ペーストするだけで利用できます。

≫ Googleの提供するWebフォント

Google Fontsは、登録不要かつ無料で利用可能なWebフォントです。Google Fontsの使い方の流れは以下のとおりです。

❶ Google Fontsのページ(https://fonts.google.com/) を開きます。

❷ 使いたいフォントを探します。ページ上部の「Language」で「Japanese」を選ぶと、日本語フォントだけを表示できます。

❸ 使いたいフォント名の右にある、＋マークをクリックします。

❹ ページ下部に表示される、「Family Selected」という黒いバーをクリックします。

❺ 日本語フォントを使用する場合は、CUSTOMIZEタブをクリックし、Languagesの中のJapaneseをチェックします。

❻ EMBEDタブをクリックし、上のコードはHTMLのhead要素内に、下のコードはCSSのWebフォントを適用したい部分にそれぞれコピー＆ペーストすると作業完了です。

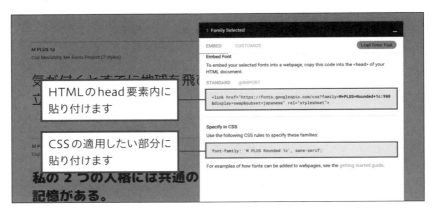

Webフォントを使う
@font-face

フォントのファイルをWeb上に配置し、それを読み込ませることでどの環境でも同じフォントで表示されるようにするしくみが、Webフォントです。ただし、日本語の場合はデータ量が多く、読み込みに時間がかかる場合があります。

≫ Web上のフォントを使用する

要素/プロパティ

CSS	**@font-face { Webフォントの設定 }**
CSS	**font-family: "フォントに付ける名前";**
CSS	**src: url("フォントファイルへのパス");**

Webフォントを使用するには、まずWeb上のアクセス可能な場所にフォントのファイルを配置し、@font-faceの書式を使ってWebフォントに名前を付け、Webフォントへのパスを指定します。

Webフォントに名前を付けるには、font-familyを使用します。ここで指定した値がWebフォントの名前となり、通常のフォントの名前と同様に使用できるようになります。下の例では、「samplefont」という名前を付けています。

srcではフォントのパスを指定します。次の例では「fonts」フォルダの中の「samplefont.ttf」が「samplefont」のファイルであることを示しています。これらの指定だけで、普通のフォントと同じようにfont-familyプロパティで指定可能となります。

CSS

```
@font-face {
  font-family: "samplefont";
  src: url("fonts/samplefont.ttf");
}
p { font-family: "samplefont", sans-serif; }
```

第9章

第10章

第11章

第12章

● ソーシャルメディアや外部サイトと連携する

第13章

第14章

第15章

srcには、local( )の書式でローカル環境のフォント名を指定することもできます。た
とえば、次の例のように指定すると、ユーザーの環境にメイリオがインストールされ
ている場合はメイリオで表示し、ない場合はWebフォントを使用します。

```css
@font-face {
  font-family: "samplefont";
  src: local(Meiryo),
       url(fonts/samplefont.ttf);
}
```

» Webフォントを使う際の注意点

自分のパソコンにインストールされているフォントであればどれでも自由にWebフォ
ントとして利用できる、というわけではありません。たとえフリーフォントであっても
Webフォントとして使用する場合は費用が発生するケースもありますし、ライセンス
表示が必要になる場合もあります。Webフォントを利用する場合は、必ず事前に利
用規約の内容を確認してください。

このようなライセンスの問題を気にすることなくかんたんに利用できるのが、前のセ
クションで説明したGoogle Fontsです。Google Fontsなら登録の手間もなく、無
料で利用できます。

第9章

第10章

第11章

第12章

第13章

●ソーシャルメディアや外部サイトと連携する

第14章

第15章

SECTION

245

Article

ブラウザの開発ツールを使う

現在の一般的なブラウザのほとんどには、開発者用のツールが組み込まれています。このツールを利用すると、HTMLやCSS、JavaScriptのソースコードの確認や、その時点での状態の検証などがブラウザ上でできます。

≫　ブラウザの開発ツールとは？

ブラウザの開発ツールを使うと、現在開いているページのHTMLやCSS、JavaScriptのソースコードを見ることができます。また、新しい書き込みや変更、部分的な削除などを試して、その結果を確認することも可能です。

一般的なブラウザでの開発ツールの開き方は次のとおりです。なお、Safariの場合は、事前に環境設定の「詳細」画面で、「メニューバーに"開発"メニューを表示」をチェックしておかなければ選択できません。

Google Chrome	ブラウザ画面を右クリックして [検証]、またはブラウザ右上の [Google Chrome の設定] アイコンから [その他のツール] → [デベロッパー ツール] を選択
Firefox	ブラウザ画面を右クリックして [要素を調査]、またはブラウザ右上の [メニュー] アイコンから [ウェブ開発] → [開発ツールを表示] を選択
Safari	ブラウザ画面を右クリックして [要素の詳細を表示]、または [開発] メニューから [Web インスペクタを表示] を選択
Microsoft Edge	ブラウザ画面を右クリックして [要素の調査]、またはブラウザ右上の [メニュー] アイコンから [開発者ツール] を選択

開発ツールの名称はブラウザごとに異なります。また、手順や操作方法などはバージョンアップに伴い変更される場合があります。それぞれの詳しい使い方については、各ブラウザのヘルプなどを参照してください。

●索引 CSS

索引　用語

お問い合わせについて

本書に関するご質問については、本書に記載されている内容に関するもののみとさせていただきます。本書の内容と関係のないご質問につきましては、一切お答えできませんので、あらかじめご了承ください。また、電話でのご質問は受け付けておりませんので、必ずFAXか書面にて下記までお送りください。
なお、ご質問の際には、必ず以下の項目を明記していただきますよう、お願いいたします。

① お名前
② 返信先の住所またはFAX番号
③ 書名（今すぐ使えるかんたんEx HTML&CSS逆引き事典）
④ 本書の該当ページ
⑤ ご使用の端末やOS、Webブラウザ
⑥ ご質問内容

なお、お送りいただいたご質問には、できる限り迅速にお答えできるよう努力いたしておりますが、場合によってはお答えするまでに時間がかかることがあります。また、回答の期日をご指定なさっても、ご希望にお応えできるとは限りません。あらかじめご了承くださいますよう、お願いいたします。

問い合わせ先

〒162-0846
東京都新宿区市谷左内町21-13
株式会社技術評論社　書籍編集部
「今すぐ使えるかんたんEx HTML&CSS逆引き事典」質問係
FAX番号　03-3513-6167
URL：https://book.gihyo.jp/116

お問い合わせの例

FAX

①お名前
技術　太郎
②返信先の住所またはFAX番号
03-××××-××××
③書名
今すぐ使えるかんたんEx
HTML&CSS逆引き事典
④本書の該当ページ
98ページ
⑤ご使用の端末やOS、Webブラウザ
Windows 10
Google Chrome
⑥ご質問内容
正しい結果が表示されない

※ご質問の際に記載いただきました個人情報は、回答後速やかに破棄させていただきます。

今すぐ使えるかんたんEx
HTML&CSS 逆引き事典

2020年　5月　2日　初版　第1刷発行
2023年　6月　9日　初版　第3刷発行

著者……………………大藤　幹
発行者…………………片岡　巌
発行所…………………株式会社 技術評論社
東京都新宿区市谷左内町21-13
電話　03-3513-6150　販売促進部
03-3513-6160　書籍編集部
装丁デザイン…………神永　愛子（primary inc.,）
本文デザイン…………今住　真由美（ライラック）
編集……………………リブロワークス
DTP……………………リブロワークス、羽石　相
担当……………………荻原　祐二
製本／印刷……………日経印刷株式会社

定価はカバーに表示してあります。

落丁・乱丁がございましたら、弊社販売促進部までお送りください。交換いたします。

本書の一部または全部を著作権法の定める範囲を超え、無断で複写、複製、転載、テープ化、ファイルに落とすことを禁じます。
© 2020　大藤　幹

ISBN978-4-297-11251-6 C3055
Printed in Japan